◆幼儿园教师必备丛书·第三辑

幼儿园教育活动中的
问题与对策

张洪梅◎编著

上海科学普及出版社

图书在版编目（C I P）数据

幼儿园教育活动中的问题与对策 / 张洪梅编著. -- 上海 : 上海科学普及出版社, 2018.9（2023.12重印）
（幼儿园教师必备丛书. 第三辑）
ISBN 978-7-5427-6886-5

Ⅰ. ①幼… Ⅱ. ①张… Ⅲ. ①幼儿园－教学活动－教学研究 Ⅳ. ①G612

中国版本图书馆CIP数据核字(2017)第094071号

责任编辑　李　蕾

幼儿园教师必备丛书・第三辑

幼儿园教育活动中的问题与对策

张洪梅　编著

上海科学普及出版社出版发行
（上海中山北路832号　邮政编码200070）
http://www.pspsh.com

各地新华书店经销　山东博雅彩印有限公司印刷
开本787 × 1092　1/16　印张100　字数800 000
2018年9月第1版　2023年12月第3次印刷

ISBN 978-7-5427-6886-5　定价：298.00元（全10册）

前言

《幼儿园教育指导纲要（试行）》中要求教师："以有效地依据《纲要》的指导思想和基本要求，根据儿童发展的实际需要，制订教育计划和组织教育活动，进一步更新教育观念，提高教育技能。"随着时代的发展，我国的幼儿园教育已有了很大的进步。活动作为幼儿园教育的主要表现方式，其内容、形式、实施等也都越来越被人们关注。

如何开展幼儿园教育活动，如何将幼儿园教育活动开展得越来越好，让幼儿既能学到知识和技能，又不会感到疲惫，是幼儿教育工作者们一直在思考的问题。近些年来，各种各样的教育方法层出不穷，各种新颖的教育活动也应运而生，其中利弊掺杂，各有所长。在对当今幼儿园教育活动情况进行调查后，人们发现由于受到教师因素、幼儿因素、环境因素和家长因素的影响，如今的幼儿园教育活动仍然存在一些问题，这些问题主要体现在课程设置、教师自身素质、活动目标、活动准备、活动内容、活动组织形式、活动方法、活动过程、活动延伸和家园共育十个方面。

本书结合实例，从上述十个方面分别列举了每一方面出现的主要问题，并给出了相应的解决方案，供幼儿教师们借鉴和参考。

存在问题的十个方面中，有些问题的产生来自内因，有些问题的产生来自外因，有些问题的产生则是内因与外因共同作用所导致的。在这些问题中，有些问题是幼儿教育中常见的问题，有些问题是教师们很难留意到的隐藏问题。一直以来，很多人都就幼儿教育中谁应负起更多责任一事争执不休。本书作者认为，幼儿园作为幼儿成长的第二家园，在教育方面负有不可忽略的责任，但同时家长也不能因此轻视了对幼儿的关注和教育。幼儿园教育并不仅限于幼儿在园中所接受的教育，还要看这些教育是否能够在生活中得到延续和强化。如果没有适应的家庭环境，幼儿园教育就会一直处于一种尴尬的境地。

为了能更好地开展幼儿教育，为幼儿一生的发展打好基础，教师、幼儿园和家长们需要共同努力，为幼儿提供健康、丰富的生活和活动环境，满足幼儿多方面发展的需要，使他们在快乐的童年生活中获得有益于身心发展的经验。作为幼儿教师，不但要能够透过事情现象看本质，还要能够善于发现问题，从细节入手。希望本书能够给幼儿教师们带去一些帮助，让在之后的教学道路上走得更加顺利，促使幼儿教育工作发展得越来越好。

目录

目录

目录

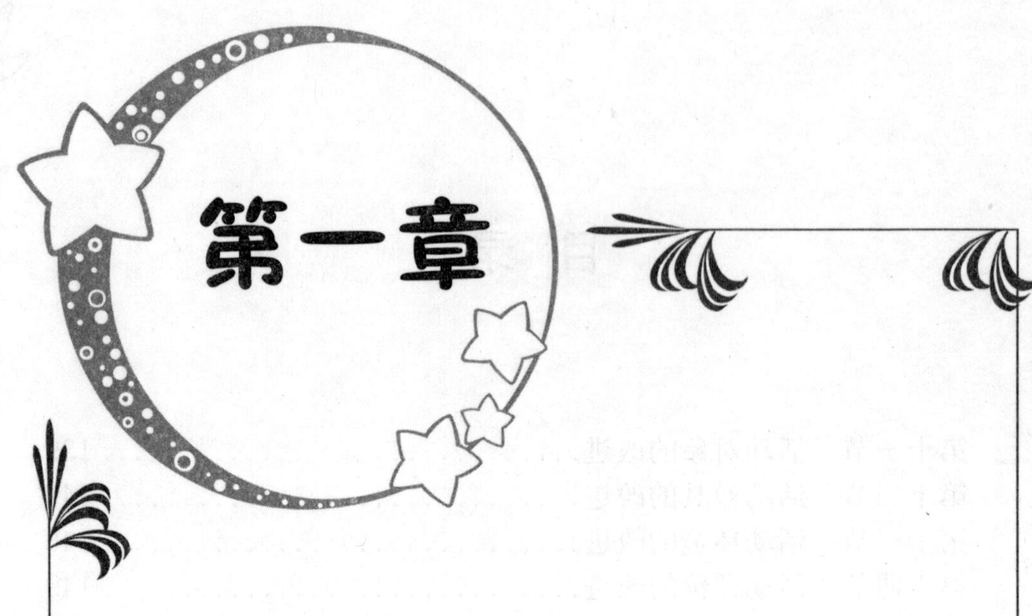

第一章

幼儿园教育活动的概述

第一节 幼儿园教育活动的意义

幼儿园教育活动，即在幼儿园教育中进行的活动。这是一种由教师为主导，幼儿为主体，从幼儿的兴趣和实际水平出发，根据幼儿园教育目标，有目的、有计划进行的社会实践活动。其目的在于以具体活动的形式让幼儿们学到各种各样的知识，满足幼儿多方面发展的需要，培养幼儿主动学习的兴趣，增进幼儿对周围环境的认识，从而使幼儿能够在教师的帮助下获取有利于他们身心发展的经验。

1978 年，一位白发苍苍的诺贝尔奖获得者在被记者问到“一生之中最重要的东西是在哪里学到的”时，给出了让记者惊奇的

答案，他说，对他而言，最重要的东西是在幼儿园学到的，在那里，他学到了许多东西，比如将自己的东西和其他孩子分享，不擅自去拿不属于自己的东西，吃饭之前应该先洗手，吃过午饭需要休息，犯了错之后要主动表示歉意，在学习的时候应该多加思考等。他认为这些习惯对于他来说有着重要意义，是他成功的保障。在场的所有人听完他的发言，纷纷表示赞同，并给予了他热烈的掌声。

幼儿时期接受到的教育对于每个人的一生都有着重要意义。由于大部分人的幼儿时期都是在幼儿园中度过，所以，对于这些人来说，幼儿园是一个非常重要的场所，他们在这里第一次接触到系统的学习，第一次学着与其他人相处，第一次学着依靠自己去做一些事情。平均一天之中，孩子们在幼儿园的学习时间要比家里的更多，接受到了信息也更多，很多事情他们都是在幼儿园里学会的。

幼儿园是一个能够令幼儿度过快乐童年，同时获得知识，有益于身心发展的场所。为幼儿提供健康、丰富的生活和活动环境，满足幼儿多方面发展的需要是幼儿园的义务。正因如此，我国将幼儿园教育视为学校教育和终身教育的奠基阶段，并对此格外重视。我国在 2001 年 9 月起试行的《幼儿园教育指导纲要（试行）》中指出：“幼儿园教育是基础教育的重要组成部分，是我国学校教育和终身教育的奠基阶段。”“城乡各类幼儿园都应从实际出发，

因地制宜地实施素质教育，为幼儿一生的发展打好基础。”

《纲要》中的第五条这样阐述幼儿园教育活动：“幼儿园教育应尊重幼儿的人格和权利，尊重幼儿身心发展的规律和学习特点，以游戏为基本活动，保教并重，关注个别差异，促进每个幼儿富有个性的发展。”可见，幼儿园教育活动的主要意义体现在能够让孩子在轻松愉快的氛围中掌握日常生活的基本技能，积累生活常识，明白一些简单的道理，学会与人相处的方式，直接获得知识等，同时将一些基础教育以多种形式进行，增加教育的趣味性，让教育变得更加贴近幼儿生活和喜好，更加容易被幼儿接受、吸收和消化，从而将其中的知识变成幼儿自身的一部分，最后使幼儿达到技能、情感、实际能力等全面发展。

教育部 2004 － 2007 年立项通过了新兴专业教材——《幼儿园教育活动设计与实践（第 2 版）》，如今，该教材作为中等职业学校幼儿教育专业核心课教材，成为幼儿园教师进行教育活动设计的前提和基础。

第二节 幼儿园教育活动的特点

在幼儿园教育内容方面，《纲要》中规定：“幼儿园的教育内容是全面的、启蒙性的，可以相对划分为健康、语言、社会、科学、艺术五个领域，也可作其他不同的划分。各领域的内容相互渗透，从不同的角度促进幼儿情感、态度、能力、知识、技能等方面的发展。”这说明，如今的幼儿园教育早已不再只要教师将孩子照顾好，确保孩子的安全，简单教孩子一些基础的语言知识就可以了。幼儿园教育的发展决定了幼儿园教育活动也需要与时俱进，丰富多彩，既能够让孩子在幼儿园中学到知识，又能够让孩子在快乐中自然而然地学习到知识。

幼儿园教育活动贯穿于幼儿园生活中的每一天，从幼儿进入幼儿园开始，到幼儿离开幼儿园结束。自20世纪80年代末、90年代初以来，我国幼儿园开始在课程内容与结构方面进行改革，将传统幼教教材的“三学六法”结构改为结合了“传统六法”和社会教育、健康教育等新内容的教学结构。

幼儿园教育活动的主要特点在于“有目的、有计划”“以教师为主导、幼儿为主体”，以及“多种形式”。具体地说包括广泛性和启蒙性、趣味性和游戏性、综合性和整合性，以及随机性和潜在性四方面。

广泛性主要指教育活动的内容涉及面比较广泛，既涉及自然环境（比如植物、动物、天气等），也涉及社会环境（比如交通工具、建筑、各种场所等）；启蒙性主要指教育活动的内容比较简单（比如10以内的加减法、常见的几何图形、基本颜色等），对于幼儿知识的学习和环境的认识能产生一定的启蒙作用。

趣味性主要指教育活动的形式需要有趣，能够让幼儿对活动本身产生兴趣，进而对活动中包容的内容产生兴趣。兴趣是幼儿最好的老师，一旦幼儿对某一内容产生了兴趣，他们就会格外投入地去学习，快速记住，并产生一种自发的学习性，主动去了解更多相关的知识。想要达到这一目的，游戏无疑是最好的方式。

综合性和整合性主要指教育活动在内容的选择上，既要从幼儿的兴趣角度去考虑，又要让各个领域之间的内容发生一定的联

系，能够互相渗透。教育活动需要能够将综合性、趣味性、活动性三者结合在一起，从不同角度促进幼儿情感、态度、能力、知识等方面的发展。

随机性和潜在性主要指一些表现不十分明显的因素。幼儿的兴趣十分广泛，想象力比较丰富，所以有些时候会根据教师所讲的一个内容联想到其他的内容，而这些内容可能是教师事先并没有想到的。所以作为教师，要充分考虑到幼儿的这一特点，在活动过程中及时发现幼儿感兴趣的事物，发现游戏和偶发事件中隐藏的价值，然后结合这些内容对幼儿进行积极的引导。

第三节 幼儿园教育活动的设计

幼儿园教育活动设计，就是以教育原理为基础，结合多种方法，设计出能够符合幼儿身心发展规律，让幼儿获得知识，发展智力，提各种基础能力的幼儿园教育活动。对于幼儿来说，幼儿园是他们的第二个家，也是他们学习成长的主要场所。在这一场所中，进行的所有教育活动都应是教师们有意识、有计划而为之的。

《纲要》规定幼儿园教育活动需要以教育目标为核心，以促进幼儿心理发展为前提，以实现教育计划规定的任务为宗旨，这说明一切教育活动的重点在于教育，所设计的所有活动也必须具有教育性，要确保幼儿能够在活动中学到东西。在具体设计时，

还需要从教学目标、年龄阶段目标和教育行为目标三个方面，根据不同年龄幼儿的特点确定相应的教育目标。

幼儿教育目标可分为最高目标、远期目标、中期目标、近期目标及活动目标五个层次。其中的最高目标指的是以国家制定的教育方针为基础提出的目标，活动目标则是指在具体活动中需要达到的目标。在进行教育活动设计时，教师需要将最高目标、远期目标、中期目标和近期目标作为参照和标尺，将活动目标作为最基本的活动设计目标。

由于如今的幼儿园教育已有了很大改进，不再强调单调的显性课程，而是注重综合性、实用性。所以在进行幼儿园教育活动设计时，作为教师应当注意着力组织适合幼儿的活动，而不是只以某一个点为主要内容去进行课程设计；应当注重让幼儿在环境中亲自体验知识和技能，而不是单纯通过教师口述、幼儿记忆的方式开展活动；应当有意识地进行角色上的灵活转换，让教学变得更加生动、科学、有效，而不是一直将自己作为整个活动的操控者，对幼儿进行操控进行活动。

《纲要》中要求幼儿园教育内容具备“情景化”“过程化”“活动化”“经验化”四个特征。这就要求教师们在进行教育活动设计时，首先能够将教育活动代入一个特定的情景中，比如在家里、在公园、在餐厅、在车站，或者吃饭的时候、学习的时候、放学的时候等，让幼儿知道接下来的事情应该是在哪里发生的，或者能够明白在什么场合应该有怎样的行为表现；其次要注重整个事情发展的过程，让幼儿了解到事情是如何发生的，怎样发生的，发生之后会有怎样的结果，产生怎样的效果等，让幼儿在具体的过程中吸收知识；然后要注重在教育过程中安排具体的，能够让幼儿参与其中的活动，使幼儿能够在活动中得到体验；最后要确保幼儿能够在活动开展的过程中，掌握到他们需要掌握的技能，了解到他们需要了解的知识，将这些内容转化为他们自身的技能和知识。

幼儿时期，人的各器官系统都在不断生长发育，它们十分脆弱，需要得到适当的锻炼却又需要妥善的保护，所以在设计教育活动时，教师们需要考虑到这一点，确保设计的教育活动有利于幼儿的身体发育，如果活动强度太小，会无法使幼儿的身体得到锻炼；如果活动强度太大，则会对幼儿的身体造成伤害。

除了需要考虑幼儿的生理需要外，教师在设计教育活动时还需要考虑到幼儿的心理需要。对于幼儿来说，他们的心理需要不是学习具体的理论，而是满足对知识的渴求以及对新鲜事物的好奇心。他们需要参加集体游戏，需要与同伴交往。当他们的心理需要得到了满足后，他们对知识的兴趣就会更加浓厚，对知识的获取也就会更加积极。

在设计教育活动的形式与方法时，教师还应当遵守整体协调性，实现科学性与思想性的统一，适当增加活动的艺术性、趣味性、

活动性、主体性、社会性，既要考虑到幼儿的普遍性，也要考虑到幼儿的个体适应性。

第四节 幼儿园教育活动的组织实施

幼儿园教育活动包括准备活动、开始活动、活动过程、结束活动四个环节。在这四个环节中，准备活动是基础，也是决定了后三个环节是否能够顺利展开的根本要素；基本活动是最主要的部分，所占的比例最大。

在准备活动环节中，教师和幼儿都需要进行准备。教师需要准备的内容比较多，包括活动的目的、方式、重点、流程、细节、外在环境、教具等。幼儿需要准备的相对少一些，只要准备好活动需要的服饰、学具，以及相关的知识技能即可。除此之外，如果活动中有其他参与人员，那么其他参与人员也都需要进行相应的准备。比如涉及亲子活动时，幼儿的家长们就需要和幼儿一起进行准备，提前了解活动相关内容。

开始活动、活动过程和结束活动三个环节共同组成了教育活动的全过程。

开始活动所起到的作用是吸引幼儿的注意力，在这一环节，教师可以通过语言和行为，采用讲故事、播放音乐或画面、展示教具、做游戏、猜谜等方式将幼儿的注意力集中到一个点上，然后以这一个点为起点，自然而然地将活动的主要内容、方式等引出来。开始活动不需要太长，只要幼儿的兴趣被成功地调动起来，就可以继续向下进行。需要注意的是，开始活动涉及的内容与正式的教育活动内容必须有明显的关联，不能太过刻意。

活动过程是幼儿园教育活动中最重要的一个环节，在这一环节中，教师需要以支持者、引导者和帮助者的身份，将事先制定好的计划变为具体的实施，对幼儿进行引导，让幼儿能够在轻松愉悦的氛围中学到知识、掌握技能，达到活动基本目标。活动的开展需要循序渐进，有一定的节奏感。

活动过程中，教师需要时刻观察幼儿们的反应、情绪上的变化，以及注意力所在。在活动过程中，幼儿们可能会对一些活动对象或活动内容表现出特别的兴趣，此时教师需要迅速作出判断，这种兴趣是否与活动本身有密切关联，以及是否能够对活动的开展有所帮助，增强活动的效果。如果有利于活动的开展，教师可以根据幼儿的兴趣对活动即时进行调整。一旦发现幼儿的注意力发生偏移，教师需要立刻采用适当的方式，将他们的注意力重新带回到活动内容、活动对象和活动材料上。

结束活动所起到的作用为过渡和总结作用。过渡作用主要体现在能够给让幼儿们的情绪有一个缓和的弧形波动，由高涨渐渐趋于平稳。这样可以避免在幼儿们兴高采烈参与其中时突然停止活动，导致幼儿心理上的不适。总结作用主要体现在教师可以利用这一段时间总结一下活动的内容和意义，对幼儿们在活动中的表现予以肯定，从而使幼儿们受到鼓励，更加愿意积极参与之后的活动中。

如果幼儿对某一个活动内容，或活动内容中的某一点有着格外强烈的兴趣，教师可以对教育活动进行延伸，将有关的活动延伸到其他的场所，促使幼儿继续学习和探索，从而达到巩固知识和技能、培养幼儿主动学习能力的效果。这种延伸不同于中小学中教师给学生留的作业，教师不会对延伸内容的方向、完成程度等作任何硬性规定，全凭幼儿自身对内容的兴趣深浅。

活动结束后，教师还需要对整个教育活动进行回顾和总结，确认教育目标是否达到，整个流程是否按照设计的进行，导致不一样的原因是什么，是否有新的发现，幼儿对知识技能的掌握程度如何，是否有可改进的地方，等等。

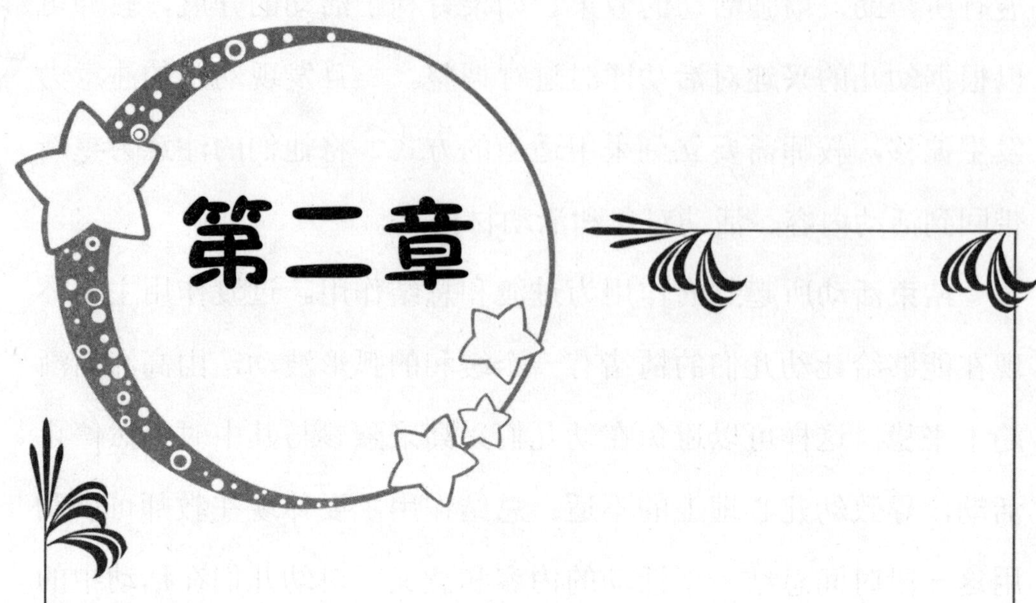

第二章

影响幼儿园教育活动的主要因素

第一节 教师因素

教师是幼儿每天除父母之外，与其接触最多的成年人。具有良好素质的教师能够对幼儿起到积极的影响，有助于幼儿学习更多知识、技能，养成良好习惯，有益于幼儿身心成长。

作为幼儿教师，必须具备教师的专业素养，即具备从事教育教学工作的专业精神、专业知识、专业能力和专业实践，这四点缺一不可。

专业精神决定了教师是否能够正确对待每一名幼儿，是否能无时无刻地对幼儿产生积极的、正面的影响；

专业知识决定了教师是否能够对幼儿作出正确认识，正确判

断幼儿们的需要，选出最适合幼儿生理和心理发展的教学内容，设计符合幼儿身心发展的教育活动；

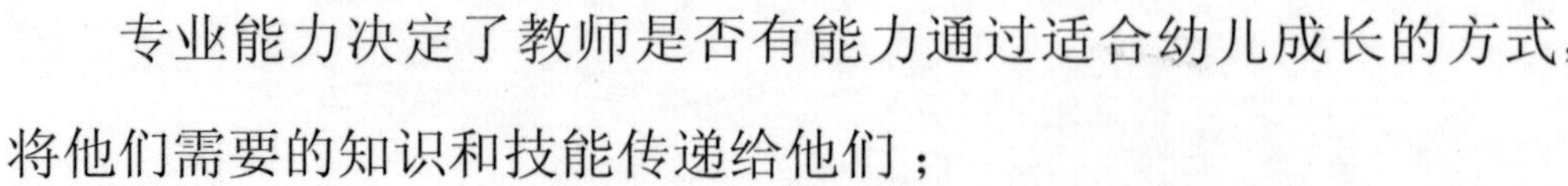

专业能力决定了教师是否有能力通过适合幼儿成长的方式，将他们需要的知识和技能传递给他们；

专业实践决定了教师是否能够在实践中掌握好自己的位置，起到正确的作用。

作为教师，能否正确认识幼儿的知识技能水平对教育活动的设计起着决定性作用。因为教育活动的设计需要以幼儿的现有水平为参照，活动的难度过小，不易引起幼儿的兴趣；活动难度过大，幼儿在参与时会因无法理解而感到吃力，随后失去兴趣。

英国教育家约翰·洛克曾说过：“教师应当以身作则，教育学生时说过的话，不可自行违背，也不能任性。无论何时，都要有适当的举止和礼貌，否则便无法对学生有效地进行教育。”这一点对于幼儿教师来说格外重要。在幼儿眼中，教师的地位仅次于自己的父母，甚至有时还会高于自己的父母。

幼儿喜欢模仿成年人的言行举止，对于他们来说，教师的一言一行都起着示范作用，日常接触得越多，他们就越容易去对教师进行模仿，所以教师对幼儿的影响每时每刻都在产生。教师的自身素质越高，越容易被幼儿接受，教育活动开展也就越顺利。

教师的性格会对活动形式产生一定的影响。通常情况下，性格外向的教师比较偏向于组织动态的教育活动，比如传球、跳绳、

赛跑等；性格内向的教师比较偏向于组织静态活动，比如阅读、绘画、手工制作等。这些活动的形式各有利弊，幼儿的发展需要将这些活动形式综合起来，穿插着进行。如果教师完全凭借自己的喜好去选择活动形式，时间久了，可能会令一部分对该种形式没有兴趣的幼儿感到疲惫，参与的积极性也会减弱。

教师对待幼儿的态度和方式直接影响着教育活动的开展。在同一所幼儿园里，有的教师对待幼儿一直充满热情、有耐心、有亲和力、乐于倾听幼儿说话，这样的教师在开展教育活动时，往往会比较顺利，取得的效果也比较好。有的教师对待幼儿的态度比较冷漠、情绪化，经常会在幼儿面前流露出不耐烦的表情和语气，班上的幼儿无法对其产生亲近感，所以这样的教师开展教育活动时，幼儿们也无法发自内心地去跟随教师的节奏，活动进展得不会很顺利，取得的效果也不好。

在幼儿园教育活动中，教师起着引导的作用，这种引导不仅仅是活动内容和方式上的引导，也包括性格、品德、态度等方面的引导。

不同的教师在语言态度方面都有一定的倾向性，这种倾向性有可能只是一种无意识的行为，却容易在缺乏生活经验的幼儿心里留下深刻的印象，使幼儿对这种语言态度进行学习和吸收。

所以当一个班级的教师语言态度积极、礼貌、自然、亲切时，他班上的幼儿在语言表达方面也大多是谦逊有礼、自然亲切的。

这样的班级在开展教育活动时，整体氛围也会比较好，幼儿与幼儿之间，幼儿与教师之间都能够和谐有礼地进行沟通，活动中也不容易发生意外。

第二节 幼儿因素

幼儿是参与活动的主体，他们的心智尚未成熟，对知识和技能的学习都以兴趣为主，对活动内容感兴趣时，他们会很积极投入；反之，即使老师想办法调动他们的兴趣，也不会持续。然而幼儿具有共性也具有个体差异性，就像世上没有完全相同的两片叶子一样，世上也没有哪两个幼儿是完全相同的。

虽然大多数幼儿都具有好奇心，喜欢模仿，但能够吸引他们注意力的东西却并不相同，一个最明显的例子就是在商场里，有的幼儿会对可爱的玩偶情有独钟，有的幼儿却更喜欢围着形状奇怪的玩具打转。

决定幼儿个体差异的因素有很多，其中最主要的是年龄和性别。每个年龄段的幼儿都有特定生理正常值，如心率、呼吸频率、血压、血清和其他体液的生化检验值等。这就决定了不同年龄的幼儿对于活动、学习、休息等事件的需求也不同。年龄越小的幼儿越需要多一些的睡眠，年龄越大的幼儿需要越多一些的活动。

所以，教师在开展教育活动时，需要根据自己班级幼儿的年龄特点，合理安排教育活动的次数和时间。另外，不同年龄的幼儿对室内外活动的需求也不同，在安排教育活动时，也需要考虑到这方面的因素，注意动静结合，合理安排室内外活动。

幼儿发育得很快，在身体机能方面，两岁半以前的幼儿双手只能做一些简单的精细动作，比如把一样东西拿起来放到另一个地方；而三岁左右的幼儿就已经能够用手画出直线，或用剪刀把纸剪成一些图形了。幼儿园教育活动的内容需要符合相应年龄段幼儿的身体机能发展，随着幼儿年龄的成长，身体机能的发育及时作出调整，才能使幼儿一直对活动保持热情。

虽然我们提倡对待幼儿时要一视同仁，但还是需要考虑到男孩和女孩之间的差异。男孩在肌肉方面的发展比较占优势，所以力量会比女孩大；女孩的整体发展比男孩早，所以在平衡性方面会比男孩好。在设计活动内容时，需要综合男孩和女孩的特点，设计出男孩和女孩都能够完成的活动。在安排活动时，也应当根据活动内容强度进行分组，将男孩和女孩平均分到每一个组里，

以便每组实力相当，确保活动的公平。

除了大范围上的个体差异外，同年龄、同性别的幼儿之间也存在着个体差异性，比较明显的有心理差异和生理差异。心理差异主要表现为性格差异，有的幼儿内向，胆子小，不敢与人交流，遇到一点小失败就会哭；有的幼儿性格冷漠，喜欢独处，不喜欢与人交流；有的幼儿天性喜欢热闹，喜欢和人说话，容易对陌生人热情；有的幼儿缺乏信心，不敢积极参加各种活动，总是害怕自己做不好。

生理差异指的是幼儿在生理方面的差异，比如身高、健康状况、视力、智力等。每个孩子的发育情况各不相同。有的幼儿身体比较弱，行动迟缓，同样一个活动，其他的幼儿都能够很好地参与，完成任务，他却总是感到很吃力；有的幼儿对信息的理解能力较弱，教师讲解完一个活动后，其他幼儿已经开始去做了，他却还是没明白，直到教师单独给他再详细讲解一两次后，他才能理解活动的内容和需要的结果。

导致幼儿心理和生理差异的原因可能来自父母的遗传、成长的环境、受到的教育等。其中智力方面的差异既与先天遗传有关，也与后天环境有关。

根据美国心理学家加德纳的理论，每个人的智力都是由语言、人际、逻辑－数学、音乐、视觉－空间、身体－运动及内省这七种智力组成，在不同人的身上，这七种智力的发展各不相同，所

以有的人对艺术接受能力特别强，逻辑性却比较弱；有的人擅长语言表达，却不擅长运动。这些都会对幼儿园教育活动产生一定的影响。

第三节 环境因素

现代教育理论认为，教育能够推动人的身心发展，环境则能够促进人的身心发展。我国学前教育课程的本质是：“学习者在教育者有意识指导下，与教育情境相互作用而获得的有益经验和身心健全发展的全部教育性活动。”这说明有利的环境能够为开展幼儿教育活动提供基础和保障。在开展幼儿园教育活动时，如果能够将教育和环境有效结合起来，产生互动，就能够促使幼儿主动学习。当幼儿置身于一个有利的环境中时，环境就不再是单纯的环境，而是成为促进幼儿行为和智力发展的催化剂。在这样的环境中展开活动，也容易得到事半功倍的效果。

从幼儿园的角度去看，顺利开展幼儿教育活动的前提是幼儿园能够为教师和幼儿们提供一个有生机、有活力、知识性、趣味性、促进幼儿认知能力成长、有助于活动开展的环境。因为环境一旦能够被人所感受和体验，就会对人产生一定的影响。一个积极良好的环境能够让幼儿在体验的过程中有所感受，对幼儿产生积极的影响，而且当幼儿与环境进行互动时，双方都能够得到提升，就在幼儿得到更多有利于自身发展的信息时，环境也会变得更加有利于幼儿的发展。

幼儿园是一个特殊的机构，当幼儿进入后，它便成为了幼儿生活、学习和游戏的全部空间。在这里，物品的摆设、房间的装饰、教师的言行、幼儿园的人际关系及风气等共同形成了一个大环境，这一大环境笼罩着所有幼儿，对他们的身心发展起着潜移默化的影响作用。如今，已有越来越多的幼儿教育工作者意识到环境对于幼儿教育的意义和作用，许多幼儿园也已开始将环境作为幼儿园教育的一种“隐性课程”，对其越来越重视，以此协助开发幼儿个性方面。

教室中的摆设需要能够体现出当地的文化风情，也需要符合幼儿年龄特征和发展需要。对于大城市的幼儿园来说，如果在教室的墙上贴一些幼儿能够看得懂的、色彩鲜明却又不具有刺激性的简笔画，或者当地知名景点的照片。对于小城市的幼儿园来说，如果在墙上贴一些有地方特色，并且有益于幼儿身心发展的照片，或者在教室里摆放一些有民俗风情的工艺品，这样教师在开展教育活动时，就可以借助身边的这些摆设，随时向幼儿们传递信息，加深幼儿对家乡的认识和理解。

幼儿们休息的房间里，如果摆放过多的玩具或者容易令幼儿兴奋的东西，会影响幼儿们的休息。幼儿们的精力有限，休息不好会严重影响他们参与活动时的热情，也会影响活动效果，所以在布置休息房间时，也需要从多个角度来衡量，将休息房变成一个纯粹的休息空间，与其他活动空间区分开来。

在开展活动时，良好的气氛能够激发幼儿们对学习这件事的兴趣，使幼儿们主动、自觉地去学习，并且从中感到愉快，获得成就感成功的体验，进而将这种积极的学习心态保持下去。如果活动的气氛不好，令幼儿在活动的过程中经常受到挫折，遭到其他幼儿的排挤，或者被教师责备，幼儿就会对学习产生倦怠的心态，开始对活动有烦感，渐渐不再愿意参与。这样一来，活动的开展自然也就受到了影响，随着这样的幼儿人数越来越多，活动的开展就会越来越困难。所以确保宽松自如的环境，民主和谐的气氛，对于教育活动的开展是非常有必要的。

同时，还需要注意给幼儿提供一个能够与其他人自由交往的环境，以便幼儿能够通过与人的交往，提升自己的沟通能力、学习能力、表达能力和理解能力。当这些能力提升后，活动的开展也会更加顺利。

第四节 家长因素

家长对幼儿园教育活动的影响主要体现在对幼儿的影响。幼儿的个性有一部分来自天生，有一部分来自他们的家庭。生活在不同家庭的幼儿，对事物的态度不同，对活动的参与度也不同。性格柔弱、内向的家长往往会对孩子过分紧张，为了不让孩子受到伤害，对孩子采取过分的保护和限制，在这样的家长身边生活的幼儿容易变得胆小怕事，遇到一点困难和挫折就打退堂鼓，甚至再也不肯去碰相同的事物。性格暴躁、缺乏耐心的家长习惯对孩子采用专制的管理，在孩子犯了错误时大喊大叫，非打则骂，在这样的家长身边生活的幼儿容易变得敏感胆怯，或者对人充满攻击性。

一些幼儿的父母平日忙于工作，每天早出晚归，即使回家，也只是随口问幼儿："今天在幼儿园怎么样啊？""今天乖不乖啊？""今天都学了什么啊？"当幼儿兴高采烈地回答他们的问题时，他们看似在听，心里却在想着别的事情。等幼儿讲完，期待着他们的回应时，他们便只能用"宝宝真棒""真好"这种没有营养的话来回应，而不会抓住幼儿语言中的一些重点与幼儿进行深入交流。

有一些父母常常因为自己的心情不好，工作压力大等，一回到家就只想一个人安静地休息。当幼儿表现出交流欲望，想让他们陪自己玩一会时，他们会用一句"妈妈累了，你先自己玩儿一会，听话"予以拒绝。那些将工作带回家中的父母更加没有耐心去听孩子讲述白天经历了什么，总会告诉孩子"爸爸在忙，别捣乱"。这样的交流对于幼儿的语言发育、人际交往都没有任何好处，容易让幼儿对交流这件事失去欲望，变得性格孤僻，不愿意与人合作，对开展幼儿园教育活动产生不利影响。

一些父母因为自己没有时间陪孩子，于是想用物质来弥补，给孩子买很多他们需要或不需要的昂贵玩具、学习用具等。但是幼儿阶段的孩子最需要的是精神陪伴，而不是过多的物质陪伴，太多的物质反而会给幼儿带去一些负担，容易让幼儿先过度兴奋，然后在兴趣方面陷入疲惫，对幼儿园里的教具等没有兴趣，不喜欢幼儿园的环境，认为什么都没有家里的好，床没有家里的舒服，

又没有自己喜欢的玩具，不愿意去幼儿园。

有些父母因为太忙，会将幼儿交给老人照看，但是老人的作息时间、生活习惯都和幼儿不同，幼儿如果习惯了老人的作息时间和生活习惯，在与其他幼儿交往过程中，很容易显得格格不入，造成一些误会。

此外，很大一部分老人会对幼儿过度溺爱，幼儿想要什么就给买什么，幼儿想做什么就让他们做什么，不想做就不用做。久而久之，孩子会变得越来越任性，越来越不合群。进入幼儿园后，很难和其他的幼儿和睦相处，不愿意听教师的话。在参与教育活动时，这样的孩子会时时以自我为中心，不尊重其他幼儿，影响活动的开展。

幼儿园教育活动中包括一些亲子教育活动，需要家长与幼儿一起参与。对于家长来说，这是一件好事，是方便家长与幼儿进行深入交流的机会。在活动中，家长能够逐步了解幼儿的心理、思维和需求。如果家长不配合，认为幼儿园多此一举，活动就会很难开展。有的家长对此敷衍了事，有的家长干脆找别人代替自己出席，当幼儿看到其他的孩子都有父母陪同，自己却没有时，心里会产生极大的落差感，不但不利于活动的开展，对幼儿的心理也会产生一定的负面影响。

家长对幼儿园教育活动的影响还体现在一个层面，就是家长的育儿观和价值观。在幼儿园中，幼儿们学到了一些生活技能，掌握了一些基本常识，懂得了一些基本礼仪，并以学到的这些为标准。幼儿回到家后，会将学到的东西展示给家长。此时如果家长对幼儿表现出的技能、常识、礼仪表示不认可，幼儿就会产生迷茫，不知道自己应该听谁的，哪一个才是对的。有的幼儿会在家长的影响下放弃幼儿园里学到的东西，这样一来，幼儿园开展的教育活动就没有了意义，起不到作用。所以，家长需要树立积极参与和互动的意识，积极参与、配合、推动幼儿园教学活动。

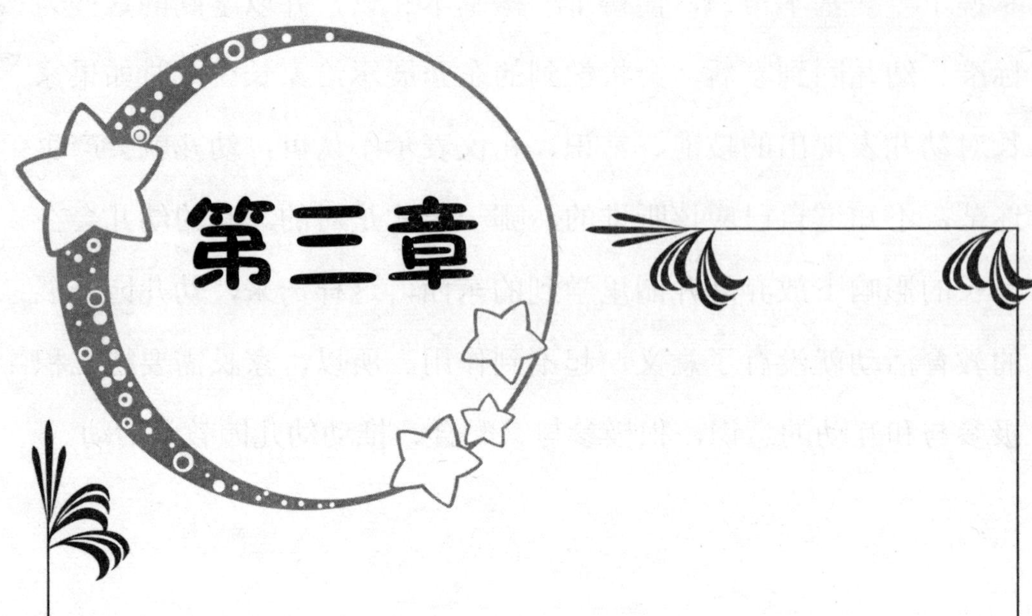

第三章

目前幼儿园教育活动中存在的问题

第一节 课程设置存在的问题

对于幼儿教师来说，课程设置是开展幼儿园教育活动最基本的任务。教师需要以一定的理论为基础，以所教年龄段的幼儿基本特点为依据，同时结合实际情况，设计出适合幼儿发展的课程。但是在我国目前的幼儿园教育中，我们仍能看到许多不完善的地方，其中，问题最明显也是最难以把握的是幼儿园教育活动“小学化”的现象。

2016 年 3 月 1 日，我国教育部公布了新修订的《幼儿园工作规程》，明确规定 :“幼儿园和小学应当密切联系，互相配合，注意两个阶段教育的相互衔接。幼儿园不得提前教授小学教育内容，

不得开展任何违背幼儿身心发展规律的活动。”这说明幼儿园课程“小学化”在我国已不是个别现象。然而，虽然国家已出台了规定，但在一些幼儿园中，还是存在着过早给幼儿开设“小学化”课程，向幼儿灌输小学学习内容的现象。

许某开了一家名为“成长之星”的幼儿园，他想，既然越来越多的家长希望自己的孩子不要输在起跑线上，对幼儿园的要求也越来越高，那么我的幼儿园就应该以满足家长们的需求为主，这样就会有更多家长把孩子送到我的幼儿园了。于是，许某在广告上打出了“进入‘成长之星’，让你的孩子在成长道路上‘先跑一步’”的口号。

广告打出后，果然有很多家长打来电话咨询：“你们广告上说的‘先跑一步’指什么啊？”许某告诉家长们：“我们幼儿园每周都会开设两节英语外教课，由外教对幼儿们进行单词和简单会话的教授，并且在每节课后都给幼儿们留课后作业。同时，我们还开设了每周四节的识字课和每周四节的拼音课，课上幼儿们会在教师的指导下学习识字卡片上的字，认读声母和韵母，学习拼读。当然，你们作为家长也需要多付出一些，孩子回家后，你们需要监督他们复习当天所学的内容，不然我们幼儿园教多少都是白教。”

许某向家长们保证：“你们放心，只要是从我们幼儿园走出去的孩子，进入小学后能够立即适应小学的课程，在学习方面丝

毫不会感到吃力。”一些家长听过之后非常高兴，立刻将孩子送进了幼儿园。可是，没过多久，很多孩子都出现了厌学的情况，无论父母怎么哄，怎么劝，都不肯再去幼儿园，理由是“没意思”“太累”。

事实上，案例中的幼儿园课程设置并不合理，对幼儿的成长也没有任何好处。对于身体和意识都仍处于成长发展初始阶段的幼儿来说，他们的身心发育还不完全，这时候强迫他们接受过多的知识，容易让他们对学习产生厌烦心理，即使真的掌握了所学的知识，等到他们上小学后，也容易因为过早学到了小学课程而变得不认真学习，无法养成良好的学习习惯。

真正适合幼儿的学习形式只有一种，就是在轻松愉快的活动中自然而然地进行学习，也就是游戏。幼儿在游戏中不但能够学到知识、技能，还能够学到如何与人交往，以及如何通过与人合作来完成任务。在游戏中，幼儿的身体得到了锻炼，他们的骨骼能够健康生长，大脑也能够健康发育。“小学化”的课程设置只会扼制幼儿的天性，禁锢他们的想象力和创造力，打击幼儿对学习的信心和兴趣，更有可能因久坐而导致幼儿骨骼变形，因长时间阅读而导致幼儿视力下降等问题。

另外，一些幼儿园过于注重对幼儿灌输知识，忽略对幼儿日常生活技能的训练以及良好习惯的培养，很多幼儿已经上了大班，却还要父母给自己穿衣服，装书包，并且认为这一切都是理所当然的。还有些幼儿对生活常识一无所知，觉得自己只要认的字比其他小朋友多，英语讲得比其他小朋友好，就说明自己比别人都强。这样的孩子在长大后，很容易成为“高分低能”的学生。

除课程设置“小学化”外，如今的幼儿园课程设置方面还存在教材更换过于频繁，生搬硬套现象较明显，教育方案不能结合实际等现象。有的幼儿园眼光总放在外面，每过一两年就更换一次教材，认为这样可以增加幼儿园的活力和多样性，教材的频繁更换令教师们难以适应，在活动设置时也会经常遇到困难；有的幼儿园过于死板，要求教师必须严格按照教材本身去制定教学方案，一板一眼，不得有一点变动，导致教师的教案基本都是一样，时间一久，教师们的创造力被打磨掉了，幼儿们对活动的兴趣也越来越淡了；有的幼儿园过于强调创新，要求教师们不能完全按照教材本身，按部就班地开展教育活动，要别出心裁，每学期至少想出一个特别的主题活动，以至于有的教师为了追求创新刻意将活动设计得五花八门，令幼儿们弄不明白活动的重点是什么。

第二节 教师自身素质存在的问题

在一些幼儿园中，教师体现出的主要问题在于对幼儿教育的理解不够深刻。特别是刚从大学中走出的年轻教师，由于生活中与幼儿接触得比较少，不了解现在的幼儿最需要的是什么，有怎样的心理特点和生理特点，所以在进行课程设计和开展活动的过程中无法抓住重点，设计不出真正能够激发幼儿兴趣的活动，在组织活动时也不容易起到带动作用。

有的教师习惯性采用机械式教学，忽略了幼儿的感受。

比如一些教师在教幼儿跳舞时，只是让幼儿先看视频，或者看自己跳几遍，然后跟着自己一个动作一个动作地学，却没有告

诉幼儿每个动作代表什么，怎么做会更好看。最后，幼儿学会了全部舞蹈动作，也学会了跟着节奏活动自己的肢体，却不知道这个舞蹈和歌曲之间有什么关系，跳起来没有任何感情，也感受不到快乐。

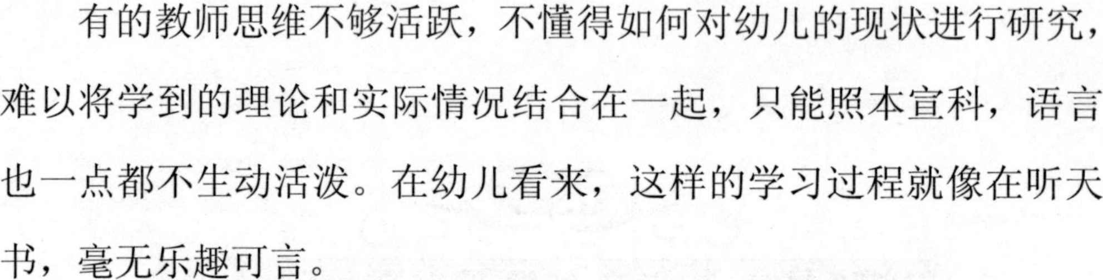

有的教师思维不够活跃，不懂得如何对幼儿的现状进行研究，难以将学到的理论和实际情况结合在一起，只能照本宣科，语言也一点都不生动活泼。在幼儿看来，这样的学习过程就像在听天书，毫无乐趣可言。

一些教师在设计活动时完全按照已有的优秀示范课去设计，将别人的东西搬过来就用，没有加入任何自己的想法，也没有结合自己所教幼儿的特点。有时他们也会对教学内容和教材进行反思，然而这种反思基本上只是为了能够完成课题研究，或者让领导看到他们对工作的投入，而不是为了让自己的教学活动变得更好，更有效。

有的教师专业素质不过关，容易将个人情绪带到工作中。

某年轻教师因为与男朋友闹别扭，心情很不好，所以走进幼儿园时也是一脸不高兴，对周围的人态度都冷冷的。幼儿一不小心做错了事，她就会非常生气地训斥，把幼儿吓得直哭。某教师对待幼儿耐心不够，同一个问题，有名幼儿多问了她几遍，她就感到烦躁，责怪这名幼儿太笨。这些行为很容易使幼儿产生心理阴影，认为教师是很可怕的人，或者因为教师的训斥产生自卑心

理，变得胆小、懦弱、孤僻，不敢和其他幼儿接触，遇到不懂的也不敢再问，越不问就越不懂，最后形成恶性循环。

身为教师，应当以身作则。有的教师有些不好的个人习惯，既不注意改正，也不刻意收敛。

比如教育幼儿不要随手乱扔垃圾，自己却将用剩的粉笔头随手乱扔；教育幼儿不要浪费，自己洗完手却经常忘记关水龙头；教育幼儿要有礼貌，自己却经常对周围人大喊大叫，或者斥责反应慢的幼儿“笨得像猪”。这些表里不一的行为都会对幼儿产生不好的影响，降低幼儿对教师的尊重和爱戴。一旦这种感情降低了，幼儿就不会心甘情愿服从教师的安排，甚至会在犯了错后理直气壮地说“老师就是这样做的”。

彤彤和父亲一起坐在沙发上看电视，看到父亲突然站起来，匆匆忙忙地朝厕所走，脱口问道：“爸爸，你走那么急，是急着去投胎吗？”

彤彤的父亲听到女儿说出这样的话，感到很惊讶。从厕所出来后，父亲问彤彤从哪里学到这样的话，彤彤说：“今天白天，我们班上的明明在走廊里乱跑，一不小心撞到了教音乐的杜老师，杜老师就是这样问明明的。”

父亲对彤彤说：“彤彤，这样讲话不礼貌，以后不要这样说了。”

可是彤彤却不以为然，反问父亲：“可是爸爸，你不是说让

我在幼儿园多听老师的话吗？老师都这样说了，我为什么不能说呢？”

可见，教师对幼儿的教育不仅发生在课堂上，也发生在幼儿园生活的每时每刻。教师无意之中说的每一句话，都可能被幼儿学会，并应用在生活中。

所以作为教师，必须时刻注意自己的言行，不说不该说的话、不恰当的话、不利于幼儿人格养成的话。

有的教师认为亲和力就是故意用幼稚的语言去和幼儿交流，却不知道幼儿正在语言学习的阶段，如果成年人也总是用一些幼稚的语言和他们说话，比如把“吃饭”说成“吃饭饭”，“上厕所”说成“拉臭臭”，幼儿的语言能力就无法得到提升。

另外，教师如果故意把自己假装成小孩子来和幼儿们接触，完全按照幼儿的思维去安排活动，把活动变成不含任何教育意义的玩闹，一方面难以在幼儿当中树立威信，另一方面难以实现教育的目标。

有的教师动手能力强、弹唱功底强、个人素质和性格也很好，深受幼儿们的喜爱，唯独文化功底较弱。

有时会在幼儿面前用错词，念错字，说方言，或者闹出常识性的笑话等。这样的教师越是受到幼儿们的欢迎，越容易在无意之中将错误的知识传递给幼儿们。特别是习惯当教师经常无意识

地讲方言后，幼儿也会学着将方言作为平日最常用的语言，比如将“膝盖”说成“波棱盖儿”，将“怎么了”说成“咋地了”。

第三节 活动目标存在的问题

目前幼儿园教育活动目标中主要存在的问题有两种：教育目标不够明确和年龄阶段目标不符合年龄发展。具体表现为教育目标过于单一、过于复杂或过于笼统。

过于单一主要体现在幼儿参与一项活动时，只能够学到一样东西，或者得到一种锻炼。以跟着音乐拍手为例，在有的幼儿园里，教师让幼儿听着音乐拍手只是为了统一幼儿们的行为，让幼儿们形成一种惯性，不断重复着机械化的动作，却没有意识到这样一个活动可以同时对幼儿进行节奏感方面的训练，幼儿们可以每一拍拍一下，也可以每一拍拍两下，还可以每两拍拍一下。如果教师没有意识到这一目标，只是单纯地让幼儿跟着音乐拍手，或者

以自己的节奏为标准跟着音乐拍手，这项活动就失去了一个意义，变成了机械化的活动。

过于复杂的问题存在得比较普遍，主要表现为在同一活动中计划实现的目标过多，或者计划实现的目标过于复杂，不符合幼儿的年龄发展。

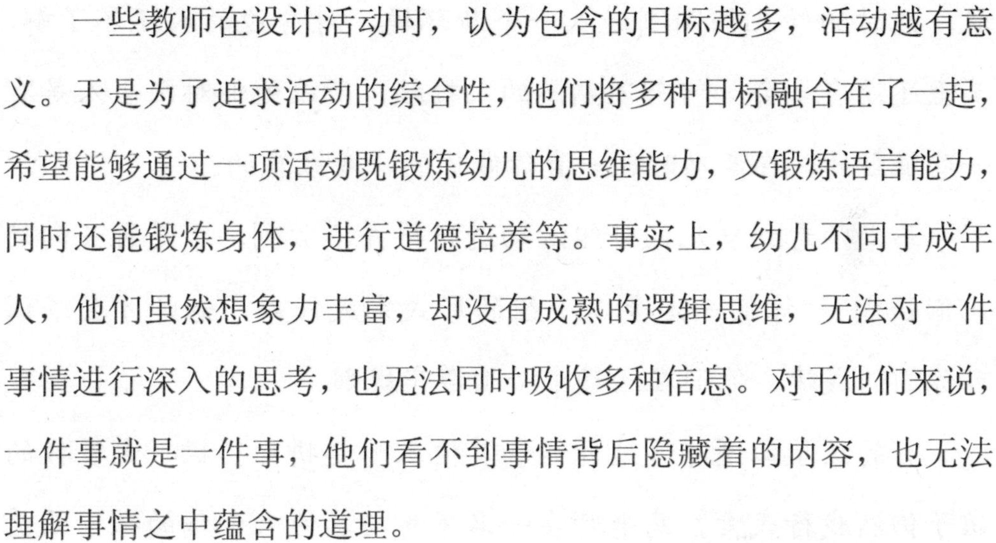

一些教师在设计活动时，认为包含的目标越多，活动越有意义。于是为了追求活动的综合性，他们将多种目标融合在了一起，希望能够通过一项活动既锻炼幼儿的思维能力，又锻炼语言能力，同时还能锻炼身体，进行道德培养等。事实上，幼儿不同于成年人，他们虽然想象力丰富，却没有成熟的逻辑思维，无法对一件事情进行深入的思考，也无法同时吸收多种信息。对于他们来说，一件事就是一件事，他们看不到事情背后隐藏着的内容，也无法理解事情之中蕴含的道理。

马老师从幼师学校毕业后，进入了当地一家重点幼儿园。园长对马老师进行面试后，认为她头脑灵活，很有创造力，是可造之材，于是安排她担任小一班的实习班主任。刚一毕业就有机会担任实习班主任这么重要的职位，马老师觉得自己很幸运，她想，自己一定要快一点做出更多的成绩，向园长证明自己的实力，早日转正。

马老师虽然头脑灵活，却并没有丰富的实际授课经验，对现实中幼儿的实际情况也不够了解。在授课时，她希望小班的孩子们能够遵守集体生活的准则，产生集体荣誉感，于是对孩子们说："现在老师要求你们每四个人为一组，进行分组练习，看看哪一组能够最快用七巧板拼出一座桥。"然而她忽略了这个目标适用的对象是大班幼儿，小班幼儿并不能理解集体荣誉感是什么。而且，此时的幼儿们刚刚进入一个新环境，对身边的人还不了解，甚至还没有学会如何与不熟悉的人接触，所以他们对陌生人是有一些抵触的，在活动时也一直你做你的，我做我的。

马老师看到幼儿们分组活动进行得并不顺利，于是再三向幼儿们强调："你们一定要以小组的形式完成任务，老师才会给认可你们的成绩。你们在活动中必须遵守规则。"

有的孩子似懂非懂地开始和其他人一起拼七巧板，大多数的孩子仍然我行我素。马老师在一名不肯与其他人合作的孩子面前蹲下，很温和地劝他："你一个人的力量太小了，要和其他小朋友在一起才能完成任务啊。"可是孩子对她的话没有什么反应。

马老师有些没了耐心，吓唬道："你再不乖，大家就不喜欢你了，老师也不喜欢你了。"没想到孩子听她这么一说，"哇"的一声哭了起来。

幼儿在每一时期都有特定的生理和心理发展规律，如果活动的目标不符合这种规律，那么就必然达不到目标。以幼儿园社会教育目标中的人际交往方面为例，对于小班幼儿来说，只要让他们能够喜欢上幼儿园，习惯与他人接触，和其他小朋友交往，适应集体生活，愿意参加集体活动；能够对自己有一定的了解，并对身边人有一定的了解，能够明白身边人对自己的关爱，并学会关爱身边的人；学会礼貌待人，说话时会用“请”“谢谢”“对不起”这些礼貌用语就可以了。

对于中班幼儿来说，则需要使他们在活动中学会遵守集体生活的基本规则，能够与同伴合作，尊重他人和他人的劳动成果，懂得将自己的资源和成果与他人分享等。

对于大班幼儿来说，教师才需要培养他们的集体荣誉感和责任感，让他们意识到集体的力量是强大的，并教会他们一些日常生活中的基本社会行为规则以及人际交往技能，使他们能够不用教师的指引，自发地想到与他人合作，礼貌地与人交往。

过于笼统体现在教师制定的目标太过宽泛，比如“对幼儿有益”这一目标就是一个过于宽泛的目标。怎样才算是“对幼儿有益”？促进幼儿的生理发展算得上有益，促进幼儿的心理发展也算得上有益，然而生理发展和心理发展又各自包含许多内容，单单用一个“有益”作为活动的目标过于笼统。制定出这样目标的教师往往对幼儿教育活动并没有一个清晰的认识，认为既然幼儿具有个性，那么只要他们在活动中有所成长和进步，哪怕有些幼儿在语言方面得到了锻炼，有些幼儿在思维方面得到的锻炼，还

有些幼儿在操作能力方面得到了锻炼，都算得上是“对幼儿有益”，目标都算达成。另一种可能性是教师犯了“过于复杂”的毛病，想要达成的目标太多，最后只好用一个“对幼儿有益”作为概括。目标过于笼统不利于教师在课程结束后评估活动的达成度。

第四节 活动准备存在的问题

幼儿园教育活动准备存在的问题主要有两方面：一方面与人有关，即教师没有做好准备；另一方面与环境有关，即环境不足以承担活动的开展。

教师没有做好准备，指的是教师没做好充足的知识储备，没做好充分的教学准备，以及没做好充分的心理准备。

课上，林老师告诉孩子们："白天，我们能够看到太阳。晚上，我们能够看到星星和月亮。在有些地方的晚上，我们还能看到银河。"

这时突然有孩子问道："老师，天不是白色的，为什么要叫白天？"

林老师没有准备，一下子被问住了，于是说："这个问题与我们今天讲的内容没有关系。"

没想到随后又有孩子问道："老师，我昨天见过太阳和月亮一起出现，那是白天还是晚上呢？"

"老师，你说的'有些地方'是哪里啊？"

林老师被孩子们东一句西一句问得有些头大，一时语塞，不知道应该怎么回答，只能说自己不知道。

孩子们听完，脸上露出了失望的表情。有的孩子还嘟囔着说："真没意思，原来老师都不知道。"

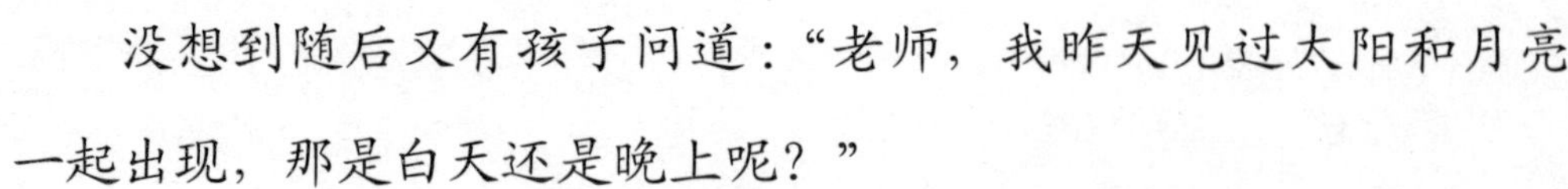

幼儿想象力丰富，很容易由一件事联想到另一件事。作为教师，想要给孩子一杯水，自己先要有一桶水，这样才不至于在给予的过程中因为准备不充分突然感到无所适从，哪怕有些相关的内容并不一定会在活动中提及或用到，也应当事先进行准备。

其次，想要顺利开展活动，充分的教学准备是必须的，包括确定教学目标和内容、准备幼儿情况、设计教学活动、准备教学材料等。确定了教学目标才能把握教学的方向，准备幼儿的情况才能确保活动最大程度被幼儿接受和配合。教学活动需要有针对性和多样性，数量和形式也需要合理。教学材料对活动起着辅助作用，如果教学材料准备不充足，教学活动也会受到一定的阻碍。

教学准备中，写教案是一个重要环节。有的教师在上课前不

研究教材，也不写教案，只是简单看一眼教材便认为自己什么都明白了。等到活动真正进行后，才发现很多情况都是自己事先没有预料到的，不同活动之间缺少衔接和过渡，进行得十分生硬，还会丢失一些重要环节和内容，最后导致活动效果非常不好，幼儿们也没能学到他们应该学到的内容。

心理准备指的是教师面对突发状况时的反应能力以及应变能力。开展幼儿教学活动时，很可能会遇到一些突发状况，比如幼儿行为失当，在课堂上打闹、摔东西、不肯听讲等；教学环境失常，比如教学设备突然发生故障，突然停电、漏水等；幼儿回答出乎意料，比如幼儿故意或者无意不按照教师的引导回答，使活动无法继续进行下去等。

刘老师准备在舞蹈课上教孩子跳“小蜜蜂”的舞蹈，没想到就在她准备给孩子们播放舞蹈视频的时候，幼儿园停电了。“啊？怎么停电了？”一些喜欢舞蹈课的孩子很失望，坐在一边闷闷不乐。

不喜欢舞蹈课的孩子则很高兴，开始和身边的小朋友玩闹起来。

还有平日里比较调皮的幼儿冲着刘老师喊：“停电了，下课吧。”

刘老师想，既然停电了，没办法播放视频和音乐，就让孩子

们自由活动吧。

于是她说："你们先自由活动一会，老师去问问什么时候来电。"说完，刘老师走出了教室，随后，教室里便炸开了锅。

从上面的例子中我们可以看到，教师如果不具备应急能力，就很容易在突发状况发生时令局面失控。

环境方面的准备问题主要体现在活动空间不匹配、设施不完善、教具过于老旧等。有个教师在网上看到有的幼儿园开展"小菜园活动"，每人每天负责给一棵菜苗浇水，直到菜苗可以食用后，再让他们带回家送给家人。她认为这样的活动很好，既可以让幼儿学习照顾植物，培养他们的责任心，又可以帮助他们认识植物的成长，于是决定在自己的班级也开展这样的活动。可是这个教师忽略了一个问题，案例中幼儿园的园区里有足够的空间作为菜园，自己所在的园区内则没有这样的场所。最后，她只得将这个活动改为让幼儿回家完成一个小盆栽。

一些活动需要的空间比较大，只适合在室外开展，有的教师不考虑这些问题，认为在室内也同样可以进行，结果幼儿在参与时碍于空间的限制，无法玩得尽兴，也无法得到充分的锻炼，甚至发生拥挤和磕碰。有的教师能够意识到什么样的活动需要什么样的场所，应该开展室外活动，却没有考虑到前一天外面下了雨，地上有不少水，结果幼儿们在外面跑来跑去，裤子和鞋子都湿了。

如活动涉及特殊场所，比如舞蹈教室、美术教室之类，教师还需要提前确定该场所是否已经有人预定，不然很有可能和其他班级的活动发生冲突，导致计划好的活动无法进行。

教具老旧对活动的影响体现在无法吸引幼儿们的注意，无法让幼儿们产生兴趣。老旧并不单指表面上的旧，还指使用得比较久，幼儿们对教具已经非常熟悉，无法在教具身上开发出新的价值。适当使用幼儿们熟悉的教具能够带给幼儿亲切感，并让幼儿因为发现了之前没有发现的特点而感到新奇，但是使用次数过多，就会失去这种效果。有的教师一件教具用到底，讲颜色时用了一把黄色的三角板，讲形状时又用了这把黄色的三角板，讲文具时又用到了这把黄色的三角板，此时的幼儿对这块三角板已经没有兴趣了。

第五节 活动内容存在的问题

《纲要》指出，教育活动内容的选择应体现“既适合幼儿的现有水平，又有一定挑战性”的原则。简单地说，就是既属于幼儿认知范畴之内，能够被幼儿理解，也要在此基础上适当增加一些难度，让幼儿觉得好奇，激发他们想要尝试新事物的心理。

然而有些教师在选择活动内容时，没有完全遵照这一原则，比如让还没有接触过绘画的幼儿去欣赏世界著名画家们的作品，并试图让幼儿们识别这些画是用什么画成的，画里都有哪些元素，什么样的手法能够表现什么样的感情等。

一节绘画课上，赵老师拿出一幅毕加索的作品《瓶子、玻璃

杯和小提琴》问孩子们："小朋友们，告诉老师，你们在这幅画上看到了什么？"

大部分的孩子都纳闷地看着画，眼神中充满了茫然。

"字母。"有的孩子回答。"乱七八糟。"有的孩子调皮地说。

赵老师听完孩子们的回答，告诉他们："这是一幅名画，是由著名的西班牙画家毕加索画的《瓶子、玻璃杯和小提琴》，在这幅画中，画家采用了拼贴手法，这是他采用这种手法画出的第一幅作品。"

赵老师的解释对于孩子们来说很难理解，在孩子们眼中，这幅画和他们平时随便画的没什么区别。有的孩子甚至认为，既然老师说这样的画是著名画家画的，那说明我和著名画家水平也差不多。

对于这些幼儿来说，绘画是一件新鲜有趣的事情，他们喜欢从他们的认知角度进行涂鸦，画出他们心目中的事物。如果教师强行给他们灌输一些专业绘画技巧，教他们用不同的线条和色彩进行情感表达，一方面扼杀了幼儿的创造力和想象力，另一方面会让幼儿因为无法理解而感到枯燥和压力，无法在绘画的过程中获得愉快体验。

反之，在面对一些已拥有一定绘画能力和欣赏经验的幼儿时，教师则应该对他们进行深入的引导，告诉他们这些画想要表达什

么意义，为什么会用这样的颜色等。有的教师低估了幼儿的接受能力和学习能力，认为幼儿不可能对绘画有更深一层的理解，于是将绘画课设计成为一成不变的临摹课，简单讲一下什么事物是怎么画出来的，然后给幼儿们展示几幅相关的图画，告诉幼儿们只要照着样品去画就可以了。在这样的绘画课上，幼儿也会感到枯燥无趣，绘画技能也得不到提升。

虽然现在大部分幼儿园都越来越重视寓教于乐，不再采用传统方法，每节课都给幼儿们准备许多的知识点，让他们学习，记忆，但是仍然有一些幼儿园认为想要让幼儿在课堂上学到东西，就必须在内容上加以丰富，内容越丰富越好，信息量越大越好。在这些幼儿园看来，幼儿的学习潜力非常大，只要多给他们提供一些内容，多让他们参与一些实践操作，他们就能学会越来越多的东西，就能比其他的幼儿发育更快。事实上，过多的学习内容只会增加幼儿的身心负荷，影响幼儿的正常发育。

有些幼儿园教学活动过于注重活动的娱乐性，没有实质内容。有的教师认为，游戏是幼儿的天性，最重要的是让他们玩得高兴，能够学到多少的知识和技能则不是很重要。于是，这类教师在设计活动内容时，会选择许多幼儿们感兴趣的游戏作为活动的主要内容，却不注重增加游戏的知识性。活动结束后，幼儿们玩得确实很开心，却什么新知识、新技能都没有学到。

活动内容主要是为了实现教育目标，比如“有助于幼儿获得

基础知识”“有助于发展幼儿的智力和能力”“有助于帮助幼儿树立正确的价值观”等。然而在实际工作中，有的教师过于追求内容和形式上的新颖，忽略了教育目标，结果设计出的活动内容不能对幼儿产生预期的效果，也不能让幼儿学到他们应该掌握的东西。

“小朋友们，老师知道大家在其他课上已经认识了一些形状，大家能告诉老师，你们都认识哪些形状吗？”在一节绘画课上，老师问。

“圆形。”“三角形。”“方形。”孩子们七嘴八舌地回答。

“很好。那么这一节，老师不会给大家指定内容，大家可以根据之前学过的形状随便画些东西，只要是你们喜欢的就可以。”

老师说完，便让孩子们自己动手去画，可是很多孩子们却呆呆地看着老师，不知道要画些什么。还有的孩子虽然动笔画了，却只是画基本的形状，而不是具体的物品。

教师为了追求创新，没有给出幼儿一些基本形状，而是让幼儿们自行想象，用学过的图形画出一种他们自己喜欢的事物。这样的活动内容虽然很新颖，然而幼儿们刚刚能够认识形状，而且对事物的认知程度有限，如果面前没有具体的形状作参考，他们很难理解应该怎么去做，也很难将自己喜欢的东西用具体的形状

抽象地画出来。

幼儿教育活动内容中出现的问题还体现在活动内容与幼儿的生活没有直接关联，让幼儿很难明白学会这些有什么用。有些内容确实对幼儿的成长有益，但是幼儿的成长的程度和经验却使他们还没有能力明白这一点，他们能够明白的只是一些和他们生活切实相关的，比如他们能够明白吃饭前洗手是为了洗掉手上的脏东西，以免把脏东西吃进肚子里让自己生病，但是不能明白为什么教师要教他们认识各种他们平时完全接触不到的警示标识。

第六节 活动组织形式存在的问题

幼儿园活动组织形式主要包括集体活动、小组活动、个体活动三种。

集体活动一般是由一名教师带领全班幼儿进行的活动，特点是全班的幼儿在同样的时间里做同样的事。这种组织形式的优点在于教师比较容易对活动的过程进行控制，对幼儿进行统一的指导和引导，让幼儿学会倾听和守规则；缺点在于不能考虑到每个幼儿的个体差异，难以顾及所有幼儿的参与情况和接受情况，幼儿没有太多表现自我的机会。

张老师为了便于控制活动氛围和活动过程，采用了集体活动

的方式，对幼儿进行“画出我的家”教学。在教学前，张老师考虑到了幼儿的普遍性，所以在课堂上，她告诉幼儿们：“今天，老师希望大家画一张有关家庭的图画，你们可以画出你们家里的样子，也可以画出你们和家人在一起的画面，下课之前交给老师。如果有什么需要帮助的地方，可以举手问老师。好了，大家开始画吧。”

半节课过去了，皮皮举起了手。张老师走过去问：“皮皮，你有什么问题吗？”

“老师，我画完了。”皮皮说。

张老师拿起皮皮的画看了一眼，发现皮皮确实画完了，而且画得还很好，于是夸奖皮皮说：“画得不错。”

“老师，我画完了，可以自由活动吗？”皮皮问。

张老师想了一下，对皮皮说：“其他小朋友还没画完，你可以再画一些其他的东西。”

十分钟后，又有孩子举手报告，说他们也画完了。这时皮皮又问张老师：“老师，能让我们一起玩一会吗？”

“好吧，你们可以玩些别的，但是不要影响其他小朋友。”张老师想了想说。

又过了十几分钟，画完的孩子越来越多。最后，只剩下几名孩子还没有画完。

皮皮看这些孩子画得太慢，又画得不好，有些着急，于是开

始对那些画得很慢的幼儿指手画脚，不停地说：“你这画的是什么啊？”

“窗户不是这么画的！”

同时拿着自己的画去给他们看，对他们说：“你们看，应该这么画。”那些绘画能力较弱的幼儿本就因为自己画得慢感到着急，被皮皮这么一说，更画不好了。

在这个活动中，皮皮显然属于那种希望能有更多机会表现自己的孩子，因为在集体活动他的长处无法得到展示，最后他才会用干涉其他孩子的方式去展示自己。

小组活动指的是教师将幼儿分成不同的小组，每一组的幼儿为一个小集体，凭集体的力量进行探索和发展，并通过与他人合作完成活动。这种组织形式的优点在于幼儿们有了更多的机会展示自我，培养自主能力，但如果幼儿事先不具备协作能力，那么小组活动就没有办法进行。

在一堂活动课上，教师将幼儿们分成多个小组，每组六名幼儿，活动内容是通过大家的共同努力，用毛线制出一张网。教师发给每组幼儿一个毛线团，告诉他们应该如何制网，并亲自演示给幼儿看，之后便放手让幼儿们开始小组活动。有的小组配合得非常好，大家坐成一圈，将线团传来传去，很快就形成了一张网。有的小组则配合得不好，一个小组中一名幼儿因为没有抓紧手中

的线，让网中间出现了一个大洞，他急着去捡自己的线，却又碰掉了其他小朋友手中的线，其他幼儿开始责怪他。

个体活动指的是教师对个别幼儿单独指导，指导幼儿独立完成的活动。由于能够根据不同幼儿的特点进行具体操作，所以这种组织形式具有发挥幼儿主体性、促进幼儿发展的优点，但同时，这种组织形式对教师的要求非常高，如果教师不具备较高的教育技巧，这种组织形式就无法实施，而且在这种形式的活动中，幼儿无法实现人际交往能力的锻炼，也无法学会与他人合作。

除了基本形式的利弊，活动组织形式中出现的问题还包括组织形式不够灵活，组织形式与活动不匹配，形式缺乏艺术性和趣味性。组织形式过于死板不利于活动的开展，也不利于收到预期效果，比如想要教会幼儿叠衣服的技能，却从头到尾只采用集体活动的形式，教师就无法了解幼儿们到底对技能掌握了多少，是否遇到了困难；组织形式与活动不匹配会对活动的开展产生阻碍，比如想锻炼幼儿的思考能力，却不采用个体活动，幼儿便没有机会独立思考，只能人云亦云；缺少艺术性和趣味性难以调动幼儿参与的积极性，一旦教学活动走了形式主义，只是为了让上级检查而设计，或者强行要求幼儿配合，那么即使看起来教学效果很好，对幼儿来说却并不能起到任何帮助。

第七节 活动方法存在的问题

活动方法包含很多种，可以根据幼儿年龄的不同，性格的不同进行选用。不恰当的方法不能为幼儿提供活动机会，也不能促进幼儿的成长，还有可能禁锢幼儿的思维发展，打消幼儿学习的积极性。幼儿园教育活动的一般方法从表达形式上看，主要分为口语、直观、活动、评价、环境陶冶五类。

口语类方法包括讲解法、谈话法和讨论法。因为任何教学活动都离不开教师的口述，所以口语类方法可以贯穿于整个教学活动的过程之中。在这类方法中，讲解法不宜实施过多，因为一旦过多，就会形成旧式教育中那种教师在前面一直说，幼儿在下面

一直听的灌输式教学。当教师一直在活动中占有主导地位，将课堂变成一个人的演讲堂时，幼儿们的表达能力得不到锻炼，课堂的氛围也会变得非常枯燥。

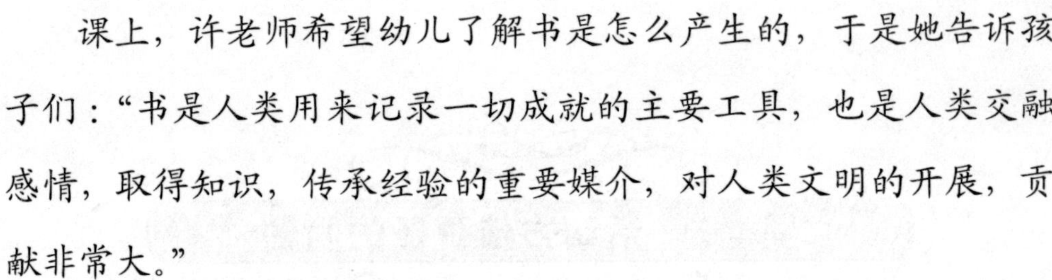

课上，许老师希望幼儿了解书是怎么产生的，于是她告诉孩子们："书是人类用来记录一切成就的主要工具，也是人类交融感情，取得知识，传承经验的重要媒介，对人类文明的开展，贡献非常大。"

随后，她又讲解了书的形式、内容、包装，告诉幼儿们："你们看的书，书上的图画比较多，是因为你们认识的文字还比较少，图画更加直观，更加容易被你们理解。等你们长大些，就会接触到有拼音的书，你们可以根据拼音读出书上的内容。等你们再长大一些，你们看的书就会只有文字，没有拼音，书的内容也会更复杂。"

虽然许老师讲了许多和书有关的信息，但是幼儿们因为没有接触到实体，所以仍然无法对她所讲的各种书有清晰的印象。

直观类的方法包括演示法、示范法和电化教学法。这类方法依靠的不是语言，而是主要通过一种直观的手段让幼儿们看到某些内容，并了解内容。通常情况下，教师会将这种直观类的方法与口语类的方法结合在一起使用，比如一边给幼儿看城市中一些主要建筑的图片，一边提问："大家知道这是什么建筑吗？""你知道这个建筑在哪里吗？"当幼儿能够回答出后，教师会给予肯定和表扬，当幼儿回答不出时，教师会代替他们回答。这种方法虽然比单纯的口语类方法多了些互动，能够让教师得到幼儿们的反馈，却仍然过于单调。而且这种方法一般都有固定的答案，对幼儿思维的开拓起不到太大作用。

活动类的方法包括观察法、游戏法、操作法、练习法、探索法、参观法、调查法和表达法。这些方法比较注重实践操作，能够让幼儿直接参与其中，并在参与中获得经验。在活动类方法中，教师的身份是指导者。由于不需要对幼儿过多干涉，有的教师认为这种方法比较轻松，又能让幼儿得到锻炼，于是在教学过程中安排了大量这类活动。这样做的缺点在于，幼儿的自控能力较弱，活动类方法开展太多容易导致幼儿过于注重体验过程，忽略需要学习的内容。

另外，有的教师在活动中没有及时对偏离学习目标的幼儿作出正确引导，还有的教师过多干涉幼儿的行为，阻碍了幼儿的独立性和创造性。

评价类和环境陶冶类的方法通常作为辅助方法出现在教学活动中。评价类方法出现的问题主要体现在评价太过仓促，不够全面。

"大家都学会系鞋带了吗？"在一节生活技能课快要结束时，

老师问。班里的大部分孩子都举起了手，但是仍然有几名孩子没有举手。“大家真棒，你们是老师见过最聪明的小朋友。今天的课就到这里，既然大家已经学会系鞋带了，那么今天放学时，小朋友们就要自己系好鞋带走出去，然后告诉爸爸妈妈，你们已经能够自己系鞋带，以后都不用他们帮忙了，好不好？”老师说。“好。”孩子回答。下课铃声响后，老师满意地走出教室，觉得这一节课真成功。

在上面的例子里，老师根据大部分幼儿都掌握系鞋带的技能，便称赞全班的幼儿都做得非常好，认为活动是成功的，却没有注意到有个别幼儿仍然不会系鞋带。这种评价是片面的，对于那些还没有学会的幼儿来说，他们希望老师可以再教一下，可是没有机会向老师表明。

环境陶冶类方法出现的问题主要体现在没有掌握好一个度，比如为了帮助幼儿认识蔬菜和水果，把幼儿带到了嘈杂混乱的菜市场，或者简单地在教室里放了几盆花，就希望幼儿能够感受到大自然的美好。

不同方面的教育活动需要采用的具体方法不同。比如在开展社会教育活动时，可以采用角色扮演法、移情训练法、行为强化法等操作性比较强，体验性比较强的方法。有的教师认为社会幼儿对外界环境了解不够充分，于是采用了大量的讲解和说教，告诉幼儿们社会环境是什么样的，然后介绍不这样做会产生怎样的

麻烦，之后讲述活动应该怎样去做，最后才给幼儿很短的时间进行体验，这样很难让幼儿对活动内容有充分的认识。

第八节 活动过程存在的问题

活动过程中存在的问题主要来自两方面，一是课前准备不充分，二是发生了意外事件。在这两方面中，意外事件占的比例比较大，并且后果也往往更加严重。

活动过程中，有的教师因为班里幼儿太多，无法对所有的幼儿全面照顾到，也没能随时留意幼儿们是否有不正常的反应。有的教师在活动过程中过于教条，只知道按照教案一板一眼地进行，不懂得合理变通，即使幼儿们都表示“你问我答”的游戏没意思，想玩“你说我猜”，教师还是坚持自己最初的计划，采用“你问我答”的方式让幼儿分组练习。

有的时候幼儿们已经表现出不耐烦，教师却还在自说自话，

认为幼儿们应该将自己的话听进去，然后照做。幼儿们进行游戏时，兴趣不大，随便敷衍了事，教师对此也不在意，认为只要幼儿们按照计划参与了活动，目标就能够达到。有些活动开展之后收效不好，也是因为教师们没有及时留意幼儿的反应。

“刚才大家表现得都很好，相信你们都已经明白怎么用橡皮泥捏出小狗了。”老师说。

“老师，我还能捏出小猫。”

“老师，我还能捏出小猪。”

幼儿们纷纷举手，希望老师能够看到他们的创造力。

“好，接下来，我们进行下一个环节，用橡皮泥给小狗捏一个碗。”

老师并没有在意幼儿们的反应，也没有理会幼儿们的心情。刚刚还兴致勃勃的孩子们顿时露出了失落的神情。

当幼儿们都对某一个点表现出很高的兴趣时，教师并没有借机展开活动，而是一带而过，幼儿们的好奇心没能得到满足，对学习的兴趣也会有所下降。

教师需要掌握活动中每一环节的时间，这在编写教案时也会涉及到。通常情况下，教师会给每一环节安排一定的时间，比如“给幼儿们讲解10分钟”“对幼儿进行提问5分钟”“让幼儿进行游戏15分钟”等。但是有些时候，预计的时间会和实际消耗的时间不符。一次，教师给幼儿们安排了10分钟“给小人画衣服”的活动，然而幼儿们只用了5分钟就完成了全部活动内容。教师看到了这一情况后既没有将接下来的活动内容提前，也没有现场发挥，让幼儿们进行多一些的尝试，而是就看着完成活动的幼儿们在一边聊天打闹，直到预计的时间到了，才继续进行下面的内容。

有时候，幼儿会不小心弄伤自己或者其他人，比如不小心划破了手指、奔跑时摔倒、撞到硬物，或者将他人撞倒。对于这些突发状况，教师需要有一个客观的判断能力，以及解决问题的能力。有的教师看到一名幼儿将另一名幼儿撞倒在地，不问清事情的原因，就对撞人的幼儿进行一番指责，也不去问撞人的幼儿是不是故意的。如果撞人的幼儿只是因为没站稳不小心撞倒了别人，听到教师指责后就会觉得非常委屈。

小毛上课时偷吃零食，被吴老师发现了。“小毛，你怎么可以上课吃东西？”吴老师很生气。

“老师有没有说过上课时间不可以吃东西？为什么你就这么不听话？你怎么这么馋？”

当吴老师说出“馋”这个字时，很多孩子都忍不住笑了。被老师当着全班孩子的面批评了一通，小毛很不高兴，但是也没说

什么。

过了一会，吴老师让幼儿们进行小组活动，刚刚被批评的小毛一点参与的心情都没有。有名幼儿开着玩笑叫他："小馋毛，要不要和我们一组？" 小毛听了更加不高兴，于是拒绝了邀请。

又过了一会，吴老师依次到小组当中察看活动进行的情况，小毛趁着吴老师不注意，偷偷溜出了教室，打算回家。就在小毛想要溜出幼儿园大门时，看门的大爷发现了他，把他带回了教室，而吴老师直到此时才发现班里少了一个孩子。

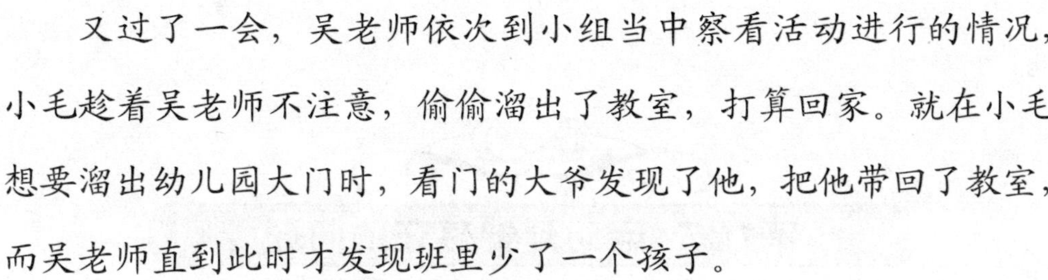

幼儿难免犯错，有的教师在批评幼儿不顾及幼儿的感受，会使幼儿对教师和幼儿园都产生不好的印象。

幼儿在集体教学活动中失范行为屡禁屡犯，教育学者对这些现象深入调查研究后发现，管理不当是其中的主要原因。其一是管理措施不当。对于教师来说，在活动中不断对幼儿进行批评、提醒等是正当手段，但事实上，这些方式在制止了幼儿失范行为的同时，也会对幼儿产生一些负面效果，治标不治本。批评和提醒都有时效性，一旦时效性过，幼儿仍然会再犯。

第九节 活动延伸存在的问题

活动延伸对于幼儿的学习能够起到促进作用。活动延伸包括内容上的延伸和功能上的延伸。内容上的延伸指的是教师根据教材所给出的知识点，适当为幼儿提供一些相关的信息，介绍一些知识的产生背景、包含种类、发展过程等；功能上的延伸指的是教师将教学内容与幼儿的生活联系起来，教会幼儿如何在生活中应用他们所学到的知识和技能。

一般来说，延伸活动属于教育活动中最后一部分的活动。因为它有时不会直接体现在集体教学中，所以在许多教师看来，延伸活动是一个可有可无的环节，简单安排一下就好，不需要用心设计。还有很多教师并不理解延伸活动的真正意义和作用，在设计时抓不到重点，设计出的活动十分牵强。

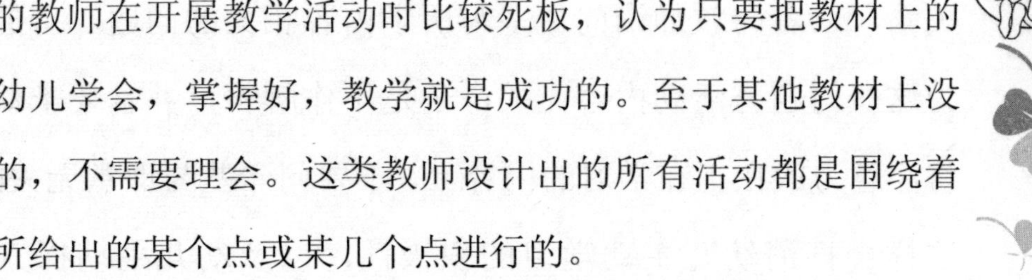

有的教师在开展教学活动时比较死板，认为只要把教材上的内容让幼儿学会，掌握好，教学就是成功的。至于其他教材上没有提到的，不需要理会。这类教师设计出的所有活动都是围绕着教材上所给出的某个点或某几个点进行的。

在一节教孩子们认识形状的课上，老师给孩子们安排了许多巩固知识的活动。

“我们来玩一个游戏，老师手中有一些不同形状的卡片，老师举起一张卡片，你们就说出它的形状，好不好？”老师说。

“好。”孩子们回答。

重复了几次后，老师认为应该换一种方式，于是又对孩子们说：“接下来，我们换一个游戏，哪个小朋友愿意到前面来？”有孩子举起手后，老师选了一名孩子，然后对他说：“非常好，老师说一个形状，你在黑板上把老师说的形状画出来。”

整个活动中，教师与孩子重复着这类识别性的游戏。这样的活动虽然能够加深幼儿对形状的印象，训练幼儿的识别能力，却过于单调，重复的次数多了，容易令幼儿失去参与活动的积极性。而且，教师没有让孩子去结合身边的事物，想一想哪些事物是什么形状，这样会局限幼儿对形状的识别。

有时幼儿会主动探索所学内容和其他已有经验之间是否存在关系，或者向教师询问更多与所学内容相关的问题。有的教师认为这些问题与活动内容无关，于是不作解答，并且要求幼儿们多将注意力放在正在学习的内容上，不要问一些与课堂无关的问题。这样会打消幼儿主动学习的积极性，以及幼儿主动探索知识的动力。

幼儿想象力丰富，兴趣广泛，所以经常出现同一个班里的幼儿对于同一项学习内容的兴趣大小不同的情况。教师将内容集中在教材中提及的某一个或几个点上时，无法满足全体幼儿的兴趣，不利于幼儿对知识有更深入的了解，也不利于激发幼儿想要进一步学习相关内容的渴望。

幼儿学习知识和技能，为的是帮助他们更好地生活，所以教师教给幼儿们的内容必须是他们能够在生活中应用得到的，或者能够帮助幼儿更好地认识这个世界，适应外在环境的。对于幼儿来说，如果学到的内容和生活没什么关系，在生活中用不到，那么他们就很容易将这些内容忘记。这样的内容越多，幼儿就会越没有兴趣，认为幼儿园学到的东西都没什么用，并且会越来越不在乎幼儿园的其他教学活动。

“纸是我们每天都会用到的东西，可是大家知道它是怎么来的吗？”老师问。

看到孩子们摇头，老师又接着说：“其实在很久很久以前，世界上是没有纸的，那时候的人们都是把文字写在动物的骨头上，或者刻在乌龟的壳上。再后来，人们觉得这些东西太重了，不方便携带，又改用了竹片、木片和缣帛。直到汉代，有人发明了造纸术，纸才诞生了。纸的发明大大地促进了文化的传播与发展。”

之后，教师给幼儿们仔细讲解了造纸术，可是幼儿听完之后，只知道纸是从木头变来的，至于具体过程，他们一点也没记住。

教师在活动中给幼儿讲了“纸是怎么产生的”，但是对于幼儿来说，知道纸是怎么产生的一点用处都没有，他们不需要学习造纸就能拥有很多纸，比如画画用的本子，做手工用的彩色纸，上厕所用的卫生纸，吃完饭擦嘴的餐巾纸等。虽然造纸的过程听起来似乎很有趣，但对于他们来说，他们和纸唯一的接触就是使用不同的纸做不同的事，至于每一种纸的来历和制造方法，他们不需要知道，也不想知道。那么这种延伸活动就是失败的。

还有的教师为了让幼儿掌握和复习学到的内容，刻意将课上的内容与幼儿的生活结合起来，比如为了提倡关爱家人，要求每个幼儿回到家后都要做一件能够体现关爱家人的事情，如果他们的家长能够证明他们确实做到了，那么他们就可以得到一朵小红花作奖励。教师的出发点没有错，但是这种为了延伸而延伸的活动很难真正起到作用，很多幼儿只是为了得到小红花才去做关爱

家人的事，一旦形式上的奖励没有了，幼儿们就会失去动力。而且这种“关爱”过于注重形式而非内在情感，并不能让幼儿真正养成关爱家人的习惯。所以，这样的延伸活动也是失败的。

第十节 家园共育存在的问题

家园共育，重点在一个“共”字。这个“共”主要指的是要有共同的育儿观，有些家长的育儿观不正确，或者对幼儿园的理念不认同，这些都对幼儿园教育造成了许多麻烦。

一些家长过于溺爱孩子，孩子在家的时候“衣来伸手，饭来张口”，想做什么就做什么，想要什么就有什么。这样的生活环境让幼儿养成了一切以自我为中心的观念，认为所有人都应该围着自己转，满足自己的一切要求。一旦需求得不到满足，这些孩子就会采用哭闹，甚至绝食的方式来要挟家长，家长看了心疼，只有想尽一切办法满足孩子的要求。久而久之，这些孩子就变得越来越自私，越来越任性。

明明第一天上幼儿园就吵着要回家，老师问他为什么，他说："幼儿园不好，没有我的'宝座'，吃饭的时候也没有人帮我把饭吹凉喂我。"

"明明你看，其他小朋友都坐一样的椅子，自己吃饭，多棒啊。"老师劝道。

"我不管，我就是不要和别人一样，我就是要有人喂我吃饭。"明明不高兴地说。

老师讲了半天的道理都没有用，于是找来了明明的家长，希望家长能够帮忙劝一劝，然而家长在听说了情况后，反而认为孩子的要求理所应当，家长理直气壮地说："我们家明明还小，当然不能自己吃饭。我们把孩子送到你们这，你们当老师的不照顾，谁照顾啊？"

在幼儿园，教师们非常注重对幼儿们进行生活技能的训练和思想道德的培养，可是幼儿一回到家，就又回到了"小皇帝""小公主"的生活氛围，这样反复的环境十分不利于教学目标的达成。还有一些家长对孩子过度保护，舍不得孩子受一点点委屈，还总担心自己的孩子在外面被人欺负，平日经常给孩子灌输错误的价值观，告诉孩子"有人欺负你一定要还手""受了委屈告诉爸爸妈妈，爸爸妈妈帮你出头"。有时孩子在幼儿园有点小磕碰，或者和其他的孩子发生一点小摩擦，家长就小题大做，先对教师进行一番指责，然后再对犯了错的孩子进行一番指责。家长这样做，会降低教师在幼儿心中的地位，使幼儿认为教师也怕家长，无论遇到什么事，找家长出面就能解决，从而更加不讲理，不遵守幼儿园的规定，对教学活动的开展也产生了不良影响。

还有一种家长，对孩子采用彻底放手的方法，将幼儿的教育工作全交给幼儿园。这类家长不喜欢与孩子沟通，也不喜欢与教师沟通，认为这是浪费时间。在这类家庭中，家长崇尚“打骂教育”，认为孩子不听话就应该打，打得多了孩子就听话了。这种家庭氛围也十分不利于开展家园共育。

有的幼儿在家中是一种样子，在幼儿园时就变成了另一种样子，这就需要家长和教师多就幼儿的行为表现进行沟通。然而在沟通时，因为教师和家长所关注的点很多时候都不同，所以沟通的效果也不佳。

有的教师比较强势，喜欢在每次沟通中占主导地位，一味向家长反映幼儿平日在园里的表现，却不给家长发表意见的机会，这样也就没有办法了解幼儿在家中是怎样的，也无法了解到幼儿园的教育对幼儿是否产生持续性的效果。

有的教师在与家长进行沟通时，会将内容侧重点放在幼儿的不足之处，希望家长能够协助教师对幼儿进行改进，而忽略了表扬幼儿在哪些方面做得好，有进步。这种片面的反馈不利于家长更好地了解幼儿的学习情况，也不利于教师开展之后的教学活动。

有的教师在与家长沟通时不顾及家长的感受，用词不当，也不注意表达方式。这样很容易与家长之间产生误会和隔阂，不利于家园共育。

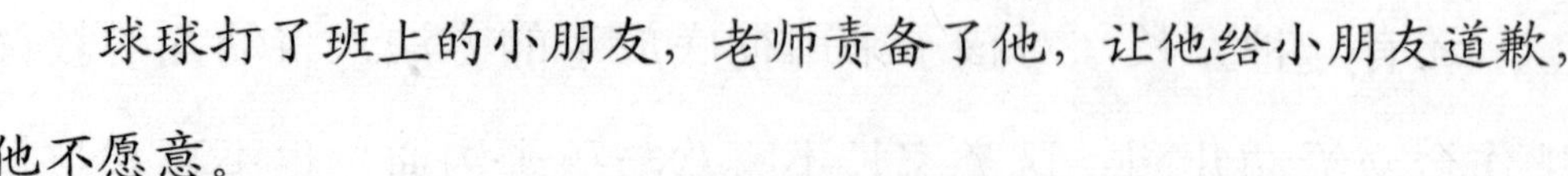

球球打了班上的小朋友，老师责备了他，让他给小朋友道歉，他不愿意。

老师很生气，找来了球球的父亲，并对其父亲说："我从来没有见过这么野蛮任性的孩子，别的孩子只是不小心弄坏了他的画，他就对人家大打出手，我上前劝他，他还瞪我，一点礼貌都没有。"

球球的父亲看到画后立刻明白了原因，孩子的母亲是一名医生，因为工作关系很少能陪孩子，这幅画是她好不容易抽时间和孩子一起完成的，孩子自然会格外珍惜。球球的父亲想向老师解释，他刚说了一句："对不起……"老师就将他的话打断："你回去一定要好好管教这个孩子，太不听话了，这么小就喜欢用武力解决问题，要是长大后可怎么办？"球球的父亲看老师这个态度，无奈地只好将要说的话咽了回去。

由于每名教师都负责多名幼儿，所以在与家长进行沟通时，教师有时会有所选择，重点放在与表现比较好或不好的幼儿家长进行沟通。有的幼儿平日没有什么出色的表现，比较听话，做事

一直规规矩矩，也没有特长，教师对他们就不会特别注意，也不会主动找他们的家长进行沟通。在家长座谈会上，教师也会偏向于让一些表现出众的幼儿的家长发言，请他们分享育儿经验，而忽略其他家长的沟通欲望。

第十一节 活动对象存在的问题

在提及活动对象时，我们可以站在两个角度去分析，一是活动面向的对象，二是活动中需要被对待的对象。

从活动面向的对象角度来看，幼儿园教育的对象是3－6岁的幼儿，处于这一阶段的幼儿发育非常快，所以每一年龄段的幼儿喜欢的内容是不同的，能够接受的知识和教学方式也是不同的。作为幼儿教育工作者，如果不能对面向的对象，也就是幼儿本身有清晰的认识和深刻的了解，在开展活动时就会遇到各种各样的困难。

在本书的开始部分我们提到过，幼儿具有共性，也具有个体差异性，通常情况下，教师对幼儿的共性能够掌握得很好，处理得很好，难处理的在于幼儿的个体差异。同样一件事，大多数幼儿都能做好，个别幼儿却做不好，此时如果教师不能考虑到幼儿存在的真正问题，就有可能将问题处理得一团糟，甚至让问题变得越来越复杂。

个别幼儿由于生活环境导致自理能力不强，习惯了让成年人帮他们系鞋带、穿衣服，给他们喂饭，得不到满足就会哭闹。有的教师因为同情心或个人喜好，纵容孩子，满足孩子的不合理要求。这样一来，班里其他的孩子心里会产生一些不好的情绪，有的孩子会认为教师偏心，有的孩子会认为既然其他小朋友可以，自己也可以。

吃午饭时，大多数小朋友都认真地用勺子吃着饭，只有萌萌一直不肯吃。老师看到后，走到萌萌身边问："萌萌，你怎么不吃饭呢？"

"我在家里吃饭都是妈妈和奶奶喂，从来不自己吃。"萌萌回答。

"可是这里是幼儿园啊，你看其他小朋友都在自己吃饭，萌萌不想和他们一样吗？"老师试图说服萌萌，可萌萌一直撅着小嘴说要喂了才肯吃。

萌萌可爱的样子让老师心软了，于是她说："好吧，今天老师喂你吃，不过下次你可要自己吃哦。"说着舀起一勺饭喂到萌萌嘴边，可是她的这一举动招来了班里其他孩子的不满。

有几个孩子放下饭碗争着说:“老师,我也要喂着吃!”“老师,我也要,我也要!”

这时,一个自称“齐天大圣”的男孩笑着嚷道:“萌萌连饭都不会吃,真羞,真羞!”“真羞!”另外几个比较调皮的孩子听到后也跟着起哄,大声嚷嚷着。萌萌听到小朋友们这么笑话她,心里有些委屈,“哇”地哭了起来。

上述例子中,就是幼儿个性的体现。另外,幼儿在发育的早期阶段中,躯干的发育要快于下肢的发育,两者之间的比例会随着年龄的增长和身体的发育而一步一步缩小,3 岁孩子躯干与下肢的比例大约为 62%,这就导致了幼儿在进行体育活动时会受到一定的限制。对于这些孩子来说,他们的躯干与身体还不成比例,下肢不够发达,所以无法像成年人一样平稳地行走。

对于幼儿来说,喜欢爬行、向后弯腰,或向前踢腿的行为比较自然,是因为他们的身体有这方面的生理需求。有的教师忽略了幼儿的这一生理特点,要求他们完全按照成年人的方式行走,或过多将他们约束在椅子上,不让他们下地走动,这样非常不利于幼儿的身体发育。过久地站立和行走会让幼儿感到疲惫,更有可能导致他们的下肢骨骼变形,产生罗圈腿的情况。过久地静坐也会对幼儿的脊椎造成一定的损伤。

活动中需要被对待的对象包括幼儿使用的学具、工具，参与活动时接触到的事物和生物（包括人、植物和动物）。概括地说就是能够辅助幼儿完成活动的一切因素。这些因素一旦不符合幼儿的身心发展水平，就会产生适得其反的效果。比如过早让幼儿使用过于尖锐的小刀或剪刀，很可能导致幼儿误伤自己或其他人；为了让幼儿认识玫瑰而直接带他们去玫瑰园，很可能导致幼儿被玫瑰刺伤，或被虫子叮咬等。

第十二节 活动教具存在的问题

活动教具在幼儿园教学活动中起到的作用有时会被教师所忽略，因为它们无处不在，种类繁多，教师几乎每节课都会用到不同的教具。

事实上，孩子非常喜欢使用教具，他们会在接触教具、使用教具的过程中产生愉悦的情感，投入其中，并享受这一过程带给他们的乐趣。好的教具能对孩子的学习起到有效的促进，并使他们得到多方面的发展。

第四节中我们提到过目前教具上存在的一个问题，比如过于老旧，不具备新的价值的教具会导致幼儿失去兴趣。同样，一味追求教具的新颖也是不行的。太过新颖的教具容易让幼儿将全部注意力集中在教具上，而没有心思去听教师在讲什么，此时教具的性质就发生了变化，其作用也从辅助变为了主导。

毛老师在准备认识动物的教学活动时，认为使用打印出的卡片进行展示太过枯燥，于是她在网上找了许多动物的图片，下载并储存在了自己的 iPad 里，准备在课上用 iPad 展示给孩子们。

课上，毛老师刚一拿出 iPad，就有孩子马上兴奋起来。

“老师，我家也有 iPad。”豆豆说。

“老师，你的 iPad 里面有打地鼠的游戏吗？”明明问。

听到毛老师说没有，明明的脸上露出了一些失望的神情。

毛老师用 iPad 给孩子们展示完图片后，将 iPad 放在一边，让小朋友们分组做游戏，让一个人来模仿动物，另一个人猜。可是好几个孩子的注意力仍然停留在 iPad 上。有的孩子还偷偷地问：“老师，能把 iPad 借我玩一会吗？”

如果教具的操作方式太过复杂，同样会分散幼儿的注意力。他们会把大部分的精力放在观察教师如何使用教具上，脑子里还会产生想要自己试试的念头。而且，教师需要花很长的时间对如何使用教具进行讲解，这样一来就会缩短幼儿们学习的知识时间。

幼儿喜欢色彩鲜艳的东西，但是作为教具，如果色彩太过鲜艳，颜色太多，就会令孩子们过多关注色彩，而忽略其他特点，

影响教学的效果。有的教师怕孩子对教具没兴趣，特意选择色彩鲜艳的教具，试图通过这种方式吸引孩子们的注意力，却不小心忽略了教学活动的重点，使孩子们没有办法弄清教师究竟在强调什么内容。

吴老师在教孩子们认识形状时带来了一座色彩鲜艳的纸房子。“小朋友们，今天我们来学习认识形状。大家看老师手中的这个房子，它是由哪些部分组成的呢？我们一起来看一看，橙色的门，绿色的窗，白色的墙，红色的屋顶。这些部分不但颜色不同，形状也是不同的。橙色的门是方形，绿色的窗子是圆形，红色的屋顶是三角形。”

教师想先吸引孩子们的眼球，然后一边复习颜色，一边复习对门、窗、屋顶这些部分的认识，最后过渡到形状上。然而她这样做让孩子们感到困惑，一会是颜色，一会儿是名称，一会儿是形状，孩子们的思维不断被教师牵着跳来跳去，并且每当想到形状前，先想到的是什么颜色的什么东西，而不是直接就能够认清形状。

在教具方面存在的问题中，还有一点是教具的实用性不强。有的教师选择的教具虽然对教学活动能够起到帮助，但是孩子们在生活中完全没有接触的机会，也没有机会看到，所以这些教具的功能即使再多，再有趣，对孩子来说也只能是观看，没有机会亲自操作。这种教具一下课就没有了任何用处，孩子们也会渐渐将它忘记。

第十三节 活动环境存在的问题

幼儿园的活动环境包括校园环境与班级环境，其中班级环境与孩子的关系最为密切，因为除去夜间睡觉的时间，孩子们每天在幼儿园中生活的时间最久，而在幼儿园时，他们在班级中的时间又最多。孩子们在班级中生活、学习、与人交往，所以班级的环境对幼儿的身心发展、社会化发展以及个性发展，无一不产生着潜移默化的影响。

同时，活动环境与活动的开展也密切相关。好的环境能够促进活动的开展，满足孩子的成长需要，帮助孩子记忆深刻，理解全面。传统观念中的幼儿园活动环境存在着重视墙饰，轻视区域；重视美观和精致，忽略实际功效；重点教师布置，少有幼儿参与；

以及长时间不更换的问题。

大多数幼儿园都存在着一个普遍的现象，就是教师一手包办教室环境的建设和美化，整个教室中所有的装饰都是教师独自选择的，手工品都是教师一人制作的。孩子们没有参与其中，与这些装饰产生不了联系，就不会对它们产生特别的情感，也不会对教室产生亲近感和归属感。

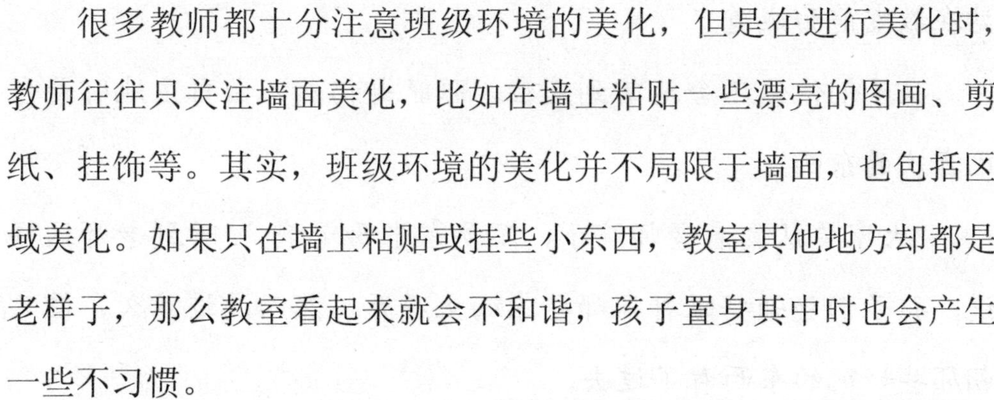

很多教师都十分注意班级环境的美化，但是在进行美化时，教师往往只关注墙面美化，比如在墙上粘贴一些漂亮的图画、剪纸、挂饰等。其实，班级环境的美化并不局限于墙面，也包括区域美化。如果只在墙上粘贴或挂些小东西，教室其他地方却都是老样子，那么教室看起来就会不和谐，孩子置身其中时也会产生一些不习惯。

教室是用来让孩子们进行学习活动的地方，要注意它的特殊性。有的教师在对教室进行美化时，想具备所有孩子们喜欢的元素，结果导致教室环境过于混乱。同时，过多的玩具和装饰分散了孩子的注意力，孩子本就没有什么自制力，看到身边有那么多好玩的东西，心思更加没有办法放在学习上。

为了让班里的孩子们对教室产生亲切感，老师在墙上粘贴了许多卡通人物画，就连灯的开关处都用了卡通的装饰。

她又在教室中摆了不少可爱的玩具、小模型等。孩子们一进

入教室，看到这么多好玩的东西，顿时眼睛不够用了，东看看，西看看，怎么都看不够。

“是熊大！”

“快看，那是超人！”

孩子们兴奋地跑到自己喜欢的东西前叫着。

“小朋友们，回到各自的座位上，我们要开始上课了。”老师站在教室前面喊道。

孩子们依依不舍地回到座位，眼睛却仍然不由自主地盯着自己喜欢的东西。

“大家要认真看老师演示，不要东张西望哦。”听到老师这样说，孩子们勉强将眼神从那些东西上移开，然而没过多久，便又朝那些好玩的东西看了过去。

有的教师在布置教室时缺少新意，导致教室看起来没有温度，也没有亲和力，孩子们一进教室就觉得乏味，或者拘束。在这样的环境中，很难调动起孩子们的积极性。

有的教师在布置教室时，只注重美感，不注重实用性。有些装饰摆放的位置不恰当，孩子们在教室里活动时，一不小心就会将布置的东西弄乱或者弄掉，如果想要保护维持这些装饰，孩子们在活动时就必须小心翼翼，无法自然地伸开手脚。

有的教师很少更改教室的布置，也不会根据季节、节日、教

学内容等进行调整。虽然从教学的角度来说，不会直接产生负面影响，但在这样的环境中开展活动，总是少了一些活泼，环境也无法对教学过程起到辅助作用。

第十四节 活动评价存在的问题

幼儿园教育活动评价在开展幼儿园教育的过程中占有重要地位。《纲要》中指出:“教育评价是幼儿园教育工作的重要组成部分，是了解教育的适宜性、有效性，调整和改进工作，促进每一个幼儿发展，提高教育质量的必要手段。”同时要求管理人员、教师、幼儿及其家长都应当参与幼儿园教育评价工作中，通过多方共同参与、相互支持与合作，对幼儿园教育工作进行评价，以确定幼儿园教育工作是否有效，成功地实现教育目标。

然而，有一些教师因为对评价这件事认识不足，导致他们在对活动进行评价时或没能抓住重点，或没有顾及对象的全面性，或过于笼统。

有的教师对于活动的评价只有两种：成功与不成功。在判断成功或不成功时眼光过窄，只就某一点进行评价，看到孩子们都很高兴，或者课堂氛围非常好，便认为活动非常成功，却没有思考孩子们到底有没有学到东西，活动的目的有没有达到，教学的方法是否有效率，教学的策略是否妥当等。

杜老师在做公开课前告诉班里的孩子："明天老师要做一节公开课，会有很多人来听老师讲课，并且来看你们的表现够不够好。所以老师希望在明天的课上，大家都能积极配合。老师让你们做什么，你们就做什么，好不好？"孩子们都说好。为了确保公开课能够顺利进行，杜老师提前把自己会在公开课上讲到的内容和游戏都在班上演练了一遍。

正式讲课那一天，孩子们因为之前接受过训练，对内容很熟悉，所以表现都很积极。课堂氛围非常好，所有孩子在参与活动时都能够顺利完成，没有一个人失误。在对公开课进行评价时，杜老师认为，这是一次成功的公开课，因为所有孩子都参与活动中，需要教给孩子们的知识全都教了，应该进行的活动也都进行了，而且孩子们都表现得很积极，课堂效果也达到了。

有的教师在对活动进行评价时过于宽泛，采用"少数服从多数"的原则，只注重整体效果，不关心细节。当班上大部分的孩

子都愿意参与到活动中时，就认为活动的开展方式不存在问题；当大部分的孩子都听懂了，学会了时，就认为教学目标达成了。

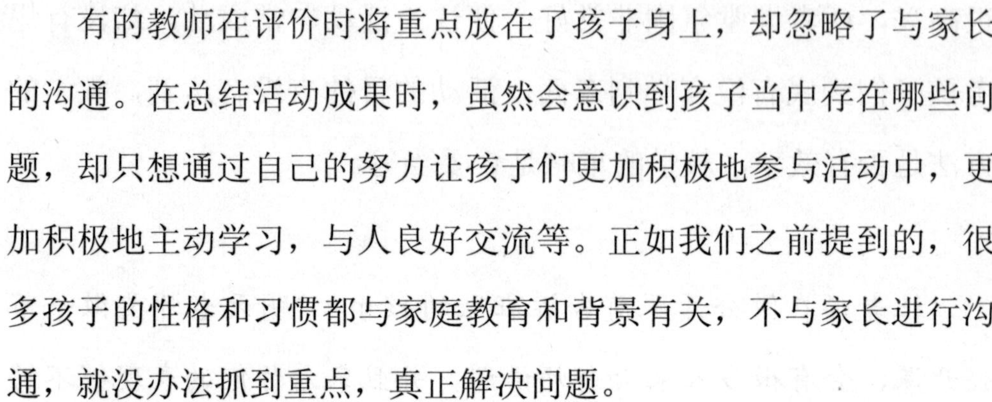

有的教师在评价时将重点放在了孩子身上，却忽略了与家长的沟通。在总结活动成果时，虽然会意识到孩子当中存在哪些问题，却只想通过自己的努力让孩子们更加积极地参与活动中，更加积极地主动学习，与人良好交流等。正如我们之前提到的，很多孩子的性格和习惯都与家庭教育和背景有关，不与家长进行沟通，就没办法抓到重点，真正解决问题。

评价不等于批评，如果想将孩子的情况反映给他们的家长，那么教师需要注意语言表达方式和证据，不能以批评的口吻去对孩子的家长说“你家孩子在活动中表现不积极”“你家的孩子对知识接受能力较差”“你家孩子课上注意力不集中”等。对孩子的评价应当是一种中肯的，不含个人主观情绪的描述。

最后一点，是教师对自身的评价。在这一环节的评价中，教师需要结合所拥有的专业知识对教育实践进行审核，从中发现、分析、研究、解决问题，然后结合自身情况，判断出问题存在的根本原因是自己的处理方式不对，还是外在条件不利于活动的开展。

如果教师不能对自己有一个清楚的认识，在自我评价时就会出现各种各样的问题，抓不到重点，找不到根本的解决办法。有的教师高估自己的能力，习惯将教学活动中出现的所有问题都推给教学环境、教学对象等外在因素；有的教师自信心不足，习惯将所有问题都归结到自己身上，认为是自己的能力不足导致活动失败。这两种态度都是不对的，也是无法作出正确评价的。

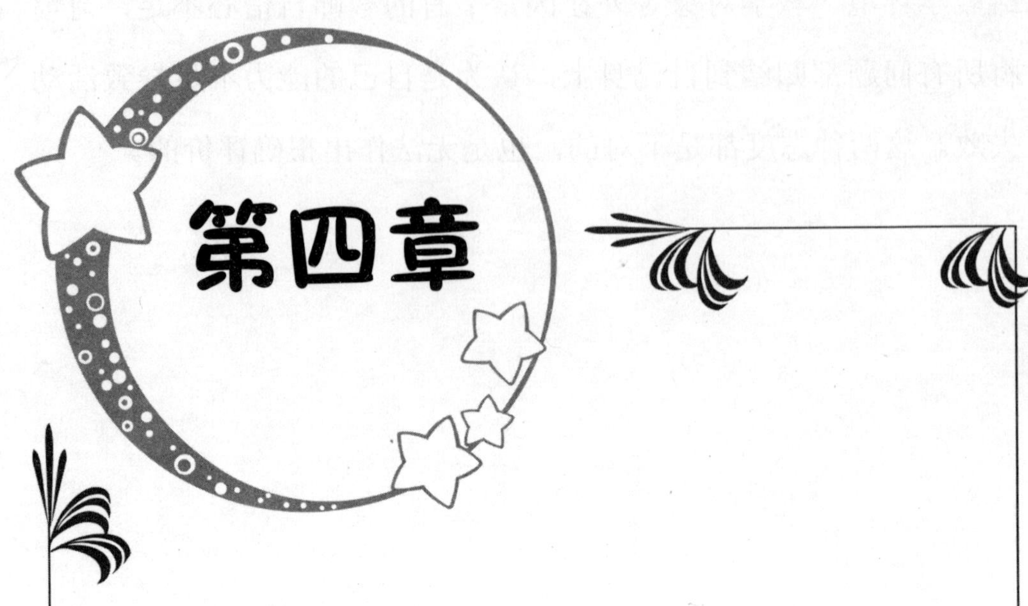

第四章

优化幼儿园教育活动的对策

第一节 课程设置的改进

英国教育家卢梭曾提出："儿童的教育为自然教育，理应顺应自然规律。"无论是园长还是教师，在进行幼儿园教育活动课程设置时，都应该谨记这一点。要给幼儿们提供符合他们成长自然规律的活动，而不是从成年人和社会的角度去决定幼儿应该学什么，不应该学什么。

想要杜绝幼儿园课程设置中存在的"小学化"现象，需要在幼儿教育工作者和家长的心中树立起正确的教育理念和教育价值观。作为园长，在对幼儿园进行管理时，需要合理制定管理制度，不能今天一个想法，明天一个念头。要考虑到从幼儿教育的特殊性，以此为出发点，对幼儿教育活动进行合理化、科学化安排。

在安排教学任务时，也需要以一定的理论为基础，结合不同年龄段幼儿的不同特点，安排不同的教学任务，按照规定展开教学。

作为教师，既要为幼儿们提供适合幼儿学习成长的环境，设置适合幼儿们的课程，也要适时与家长们进行沟通，更正一些家长不正确的观点，比如“要让孩子在幼儿时期多认些字”“孩子学得越早对知识吸收得越好”“现在多学点，上小学之后才不会太吃力”之类。在制定教案时，可以一两套自己比较认同的教材作为借鉴。在借鉴时，主要以借鉴教材的教育理念和教育原则为主，可自行根据这些理念和原则在方法上加以创新，增加延伸性教学等。

为了避免过久的学习影响幼儿们的身心健康，在课程设置时，也需要动静结合，坐着学习的时间不宜太长，在活动中适当穿插一些能够让幼儿活动起来的环节，比如站起来手拉手转圈走，一起站起来拍拍手跺跺脚，跟着老师学动作之类。

幼儿阶段最需要的是智力和潜能的开发，以及好奇心和求知欲的培养。适当的游戏能够激发幼儿对学习的信心和兴趣，在设置游戏时，教师需要先确定该年龄的幼儿智力发展处于哪一水平，然后将一些非机械性的，需要动脑思考才能得到结果的游戏穿插在简单游戏中。游戏太过简单，容易令幼儿们玩一会就失去了兴趣，也难以让幼儿得到锻炼。

在课程设置时，教师需要将幼儿的兴趣作为一个重点参考。

无法引起幼儿兴趣的课程内容和方式，是无法收到良好效果的，只有选择幼儿感兴趣的内容，采取幼儿感兴趣的方式，才能够确保幼儿在活动开展时兴趣盎然，积极参与，自发地探索新事物。比如幼儿对“天空为什么会下雨”感到好奇，教师再将这一主题作为课程的内容讲给他们听时，他们却没了兴趣。这种情况的发生，应从课程设置的角度去分析，原因不会是内容选得不对，而可能是教师的讲解方式不对。那么，教师就应当换一种更加贴近生活，用通俗易懂的方式将下雨的过程讲给幼儿听，帮助他们认识世界。

在教学难度方面，我们可以随着幼儿年龄的增长，逐渐增加难度。比如在对幼儿园小班进行课程设置时，可以事物本身为出发点，然后根据幼儿好奇的天性，带着他们一点一点探索有关该事物的更多特性。

有的老师想教幼儿们认识水，于是上课时，她先拿了一杯水问幼儿们：“小朋友们，你们知道杯子里是什么吗？”

“是水。”

“是汽水。”

“是酒。”

老师让说是汽水和酒的小朋友上前仔细观察，并闻了杯子里的液体，告诉他们：“这是水，水没有颜色，没有气泡，也没有气味。”

随后老师问：“大家平时都在哪里见到过水呢？”

“游泳池。”

“水龙头。”

“湖。”

“鱼缸。”

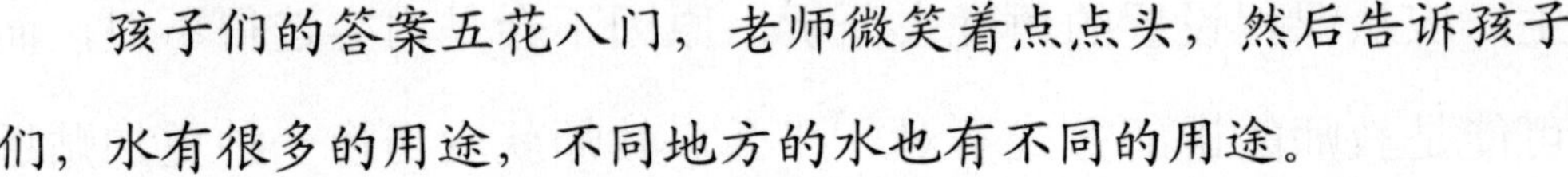

孩子们的答案五花八门，老师微笑着点点头，然后告诉孩子们，水有很多的用途，不同地方的水也有不同的用途。

“游泳池里的水是不能喝的，因为里面不干净。水龙头里的水也不可以直接喝，要烧开之后才能喝。”之后，老师给孩子们讲了水的重要性：“你们想，如果没有了水，大家就不能游泳，没有水喝，小鱼也就会死了。所以我们一定要怎么样啊？”“节约用水，不浪费水。”孩子们回答。

一年之中有许多节日，在幼儿教学课程设置时，将这些节日的来历、习俗加入课程之中，既能增加课程的趣味性，还能帮助幼儿了解我国的传统文化。比如中秋节时带着幼儿们一起做月饼，一边做，一边告诉他们月饼的来历。这样能够增加幼儿们学习的兴趣，他们对知识的记忆也能够更扎实。

为了避免培养出“高分低能”的孩子，在生活能力这方面，我们可以借鉴日本幼儿园的成功案例。在日本，幼儿的自理能力是一项重要的学习内容。幼儿们进入幼儿园后，就需要学习“自己的事情自己做”，小班幼儿需要学着自己吃饭、穿衣服、洗手，等他们升到中班后，他们也已拥有了独立吃饭穿衣的能力。大班幼儿不但需要能够自理，还需要能做一些日常的杂务，比如打扫卫生、洗手绢等。所以日本的小孩子的自理能力都比较强，长大之后独立生活的能力也都比较强。

第二节 教师自身素质的改进

幼儿教师在参加工作前都受过专门的教育，也有过实习，但这些并不足以使他们成为合格的幼儿教师。学习是无止境的，对于教师来说也是如此。不同时期的幼儿拥有不同的心理需求和生理需求，不同环境中成长的幼儿有不同的性格。作为幼儿教师，必须要对自己班上的孩子有一个全面的了解，比如哪些孩子擅长运动，哪些孩子擅长文艺，哪些孩子身体素质不好，哪些孩子家庭情况比较复杂等。

幼儿园大班美术课中，有一节课的内容是“我给妈妈画张像”。教师小敏在备课时想到，班里有个孩子的母亲在生下他之后不久就去世了，这个孩子从来没有见过他的母亲。因为担心会让孩子难过，小敏将课程的内容改成“给爱我的人画张像”，并在课堂中告诉孩子们，在这个世界上，有很多人都在用心爱着他们，希望他们健康平安。他们可以给任何一个爱他们的人画一张像表示感谢，画得好坏不重要，重要的是心意。

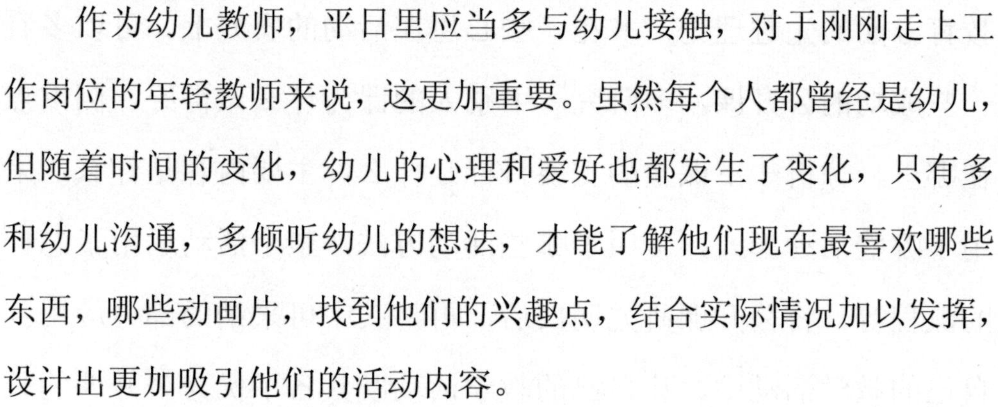

作为幼儿教师，平日里应当多与幼儿接触，对于刚刚走上工作岗位的年轻教师来说，这更加重要。虽然每个人都曾经是幼儿，但随着时间的变化，幼儿的心理和爱好也都发生了变化，只有多和幼儿沟通，多倾听幼儿的想法，才能了解他们现在最喜欢哪些东西，哪些动画片，找到他们的兴趣点，结合实际情况加以发挥，设计出更加吸引他们的活动内容。

有一名老师很喜欢和班里的孩子们聊天，当她听说很多幼儿都非常喜欢一部叫《熊出没》的动画片后，特意去看了几集，了解了当中的人物和情节。在一节课上，她问班里的孩子：“小朋友们是不是都喜欢看《熊出没》啊？”

“是！”孩子们几乎异口同声地回答。

“你们喜欢谁多一些？”老师问。

孩子们有的说喜欢熊大多一些，有的说喜欢熊二多一些。

“老师也喜欢他们，因为他们努力保护森林，做的是好事。森林要是没有了，小动物们就没有家了。”老师说。

"今天老师要告诉大家一些关于熊大熊二的小秘密，大家想不想知道？"

孩子们都被吸引了，于是聚精会神地听老师讲起来。

教师平时要多学习，提升自己的自学能力，多留意当今幼儿教育方面的先进理论，多花一些心思在活动的研究上。可以多看一些成功的公开课，多研究一下别人的课为什么做得好，侧重点在哪里，分析一下课堂的主要目标是什么，主要内容是什么，采用了哪些活动形式，使用了哪些活动方法，整个活动运用了怎样的流程等。将公开课研究明白后，再将其中可采纳的部分应用到自己的教学活动中，让自己的教学活动既具备了优秀公开课的长处，又有自己的特点，能够符合自己班上幼儿的学习兴趣。这样一来，教学活动就会变得更加生动有趣，更加贴近生活，更加便于幼儿理解和学习。

以教舞蹈为例，幼儿学习的舞蹈动作一般都比较浅显易懂，每一个动作都与歌词有所关联，所以教师在备课时，可以先了解清楚每一个动作对应着什么意思，等到教学时，再结合动作，将这些意思讲给幼儿们听。这样幼儿们就能够更快地记住舞蹈的动作，在跳的时候也会更加投入，跳得更有感情。

在日常生活中，教师应当以身作则，给幼儿树立好榜样。活动中，教师的一言一行需要严格遵照教师守则，活动结束后，教师示范给幼儿，用过的东西要放回原位。即使是在日常生活中，教师也需要注意自己的言行，杜绝与教给幼儿不同的言行出现。比如在活动中告诉幼儿应当真诚待人，那么自己在生活中也应该遵守这样的原则，真诚对待每一个孩子、每一个同事和每一个家长。有的孩子犯了错误之后害怕教师告诉家长，不敢说实话，这时教师不能为了让孩子承认错误假装答应不告诉家长，却又向家长汇报。这样的行为一旦被幼儿发现，教师的地位就会一落千丈，再也得不到幼儿的信任，也不会再有幼儿自觉地配合他，按照他的指示去做。

以身作则也包括规范用语、讲普通话。很多幼儿都喜欢模仿教师讲话，如果教师经常将一些不恰当的语言挂在嘴边，时间久了，幼儿们就会学着教师的样子去说这些话，一旦形成了习惯，是很难改掉的。同时，全国都在推广普通话，无论是哪里的教师，即使从小生活在方言的环境中，或者所生活的城市、乡村中，主要使用的仍然是方言，也应该用普通话与幼儿进行交流，给幼儿们养成讲普通话的习惯。在那些以方言为主的地区，幼儿园往往是学习普通话的唯一场所，这就更加要求教师在进行教学活动的同时，肩负起推广普通话的责任。

在生活和教学中，教师还应当控制好自己的情绪，公私分明，不将私人情绪带到工作中。无论发生了多么不愉快的事情，在进入幼儿园之前，都要将负面情绪收拾好。作为教师，要时刻明确

自己的身份，在工作前调整好情绪，以饱满的情绪面对幼儿，以乐观、积极的心态影响幼儿，让幼儿能够被自己的热情所感染，对活动产生兴趣，对知识产生渴望，对身边的人友好、尊重。

第三节 活动目标的改进

理想的教育活动目标设计应以教材为教学基础，幼儿为活动主体，尽可能从多方面挖掘教学内容的潜在价值，促进幼儿的多方面发展。

在制定活动目标时，教师需要首先对幼儿的年龄特点有所了解，针对不同年龄阶段的幼儿制定不同的活动目标。同样以人际交往目标为例，教师在为刚进入小班的幼儿制定目标时，可以先以让幼儿习惯与他人接触，和其他小朋友交往为目标，并针对这一目标制定一些简单的，容易让幼儿产生交往意向的活动；等到基本上所有幼儿都能够与其他小朋友正常交往后，再将活动目标升级为使幼儿通过集体活动学到某种知识，掌握某种技能。等幼儿们升到中班后，活动目标就可以进一步升级，变为让幼儿通过合作的方式学会某种技能，体会到合作的快乐，并掌握一些合作时需要注意的事情。

其次，教师需要控制好活动目标的数量，避免过于单一或过于复杂。以教幼儿认识数字为例，在进行教育活动时，教师可以锻炼幼儿的想象力，拓展他们的思维，方便幼儿对数字进行认识和记忆为目标，让幼儿对数字的形状产生联想，问幼儿们“大家觉得这个数字像什么”；然后，教师可以让幼儿们理解数字的含义为目标，教幼儿们读这个数字，告诉幼儿们这个数字代表什么意义；之后，教师可以锻炼幼儿们的拓展思维为目标，让幼儿们想一想，都在哪里见到过这个数字。

“小朋友们，大家看老师手里拿的这个数字像什么？”老师拿着数字 6 的模型问。

“像个勺子。”小明说。

“像个梨。”小花说。

“像妈妈挂钥匙用的东西。”小月说。

等孩子们说完，老师说：“大家说的都不错，这个数字是 6，它既像勺子，又像梨。这个数字排在 5 后面，说明它比 5 多一个。让我们来一起从 1 数到 6。”“1、2、3、4、5、6。”孩子们一起数了起来。

“非常好。上课前，老师在教室里藏了好多数字 6，小朋友们能把它们都找出来吗？老师看看谁找到的最多哦。”

老师说完，孩子们便兴奋地找了起来。

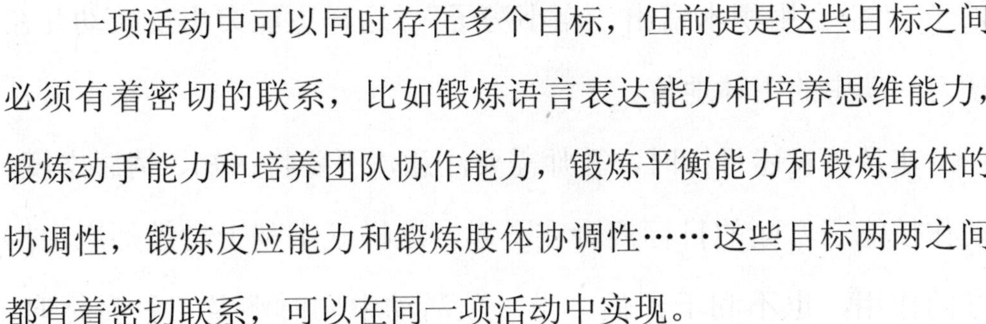

一项活动中可以同时存在多个目标，但前提是这些目标之间必须有着密切的联系，比如锻炼语言表达能力和培养思维能力，锻炼动手能力和培养团队协作能力，锻炼平衡能力和锻炼身体的协调性，锻炼反应能力和锻炼肢体协调性……这些目标两两之间都有着密切联系，可以在同一项活动中实现。

一名教师设计了一项分水果的活动，其目标是让幼儿能够准确识别不同的水果，在分发的过程中使手部得到锻炼，并学会礼让精神，将好的、大的水果分给其他小朋友。在这些目标中，识别水果属于思维能力的锻炼，分发水果属于手部锻炼，学会礼让精神属于品德培养，前两个目标之间有密切关系，后一个目标则相对独立，所以我们可以去掉最后一个目标，着重达成前两个目标。

在制定目标时，要避免目标过于笼统，在操作方面，可将“训练幼儿的平衡能力”改为“掌握平稳沿直线行走的能力”。

在情感方面，可以结合活动的内容，明确指出需要使幼儿达到怎样的情感体验，将“让幼儿学会制作漂亮的水果拼盘”改为“感受亲自制作水果拼盘的乐趣”。

在认知目标上方面，可将“在音乐中锻炼幼儿感知音乐的能力”改为“通过聆听音乐，初步了解音乐的旋律和节奏”。

在制定目标时，建议教师们能够从幼儿的角度去表述目标，比如“能够读出电子表上的时间”“能够跟随音乐打出有节奏的拍子”“学会用积木搭出一座小房子”，这样更能突出反映幼儿在学习活动中的主体地位。

在具体表述目标时，教师需要注意，不要将认知、情感态度、动作技能三方面的目标混合在一起，这样既不利于对教师产生指导的作用，也不利于评估。当一项活动中同时涉及三种目标时，教师需要将三种目标分别列出，比如：认识生活中比较常见的小动物（认知目标）；在模仿小动物的过程中体验到乐趣（情感目标）；在模仿的过程中锻炼想象力和肢体协调性（技能目标）。

在制定目标时，教师们还应当注意，不要将目标写得过于细致。目标不同于具体方法，在写方法时，教师可以写得详细一些，将每一个步骤需要做什么，怎么做都写得清清楚楚。在目标时，则要越简洁，越直接越好。要确保所写的目标能够成为参照，便于活动结束后对活动的过程和结果进行评估。

第四节 活动准备的改进

作为教师，在准备活动时应先确定活动目标，然后处处以实现活动目标为准，进行活动的设计、教具的选择、场地的选择等。

教师需要对活动相关知识进行深入全面的了解，在选择内容时多问自己几个为什么，不将思维局限在某一个点上，而是要进行发散思维，结合班上幼儿的实际情况、兴趣爱好，模拟一些幼儿们可能提出的问题，然后作出相应的回答。在内容方面，让自己对活动细节多考虑、多研究，多考虑一些可能发生的事情。

教师需要对幼儿的基本情况有所了解，比如幼儿对某些知识

的掌握程度、家庭情况、身体状况等。如果一个班里几乎所有的幼儿都已经很清楚红色和黄色混合在一起能够出现橙色，教师就没有必要再带他们做一遍，而是可以继续让他们尝试之前没有尝试过的颜色混合；如果一个班里大部分幼儿都不知道 1+1 等于 2，那么教师就必须先给他们讲清楚 1+1 为什么会等于 2，然后再去引导他们学习 1+2 等于 3。如果班里有幼儿因为疾病行走不太平稳，那么教师进行设计教学时就需要尽量避免涉及“行走”不便等内容，或者能够将活动的内容变得无害。

心理方面，教师需要明白，意外随时随地都可能发生，当事情发展到出乎意料，或者快要超出可控范围时，教师需要有能力控制局面。同样是舞蹈课时发生意外无法播放音乐或视频，有的教师会不知所措，面对幼儿们的大吵大嚷，只能喊着让他们安静；有的教师索性让幼儿自由活动，自己坐在一边看着他们；有的教师能够随机应变，会临时找点其他不需要用电的事情让幼儿做，给幼儿读故事，或者带着幼儿做些游戏。

在一节舞蹈课上，教师正给孩子们播放舞蹈视频，突然投影仪坏了，教师怎么调试都不管用。教师想，如果这时找后勤处的工作人员来修理，既会分散孩子的注意力，也会耽误时间。最后，她决定自己跳给孩子们看。“小朋友们，投影仪可能是累了，那么由老师跳给大家看吧。”说完，老师重头播放起音乐，然后跟着音乐跳了起来，一边跳，还一边看向孩子们，对他们微笑。孩子们觉得这样看更有意思，因为视频里的人只是在跳，老师却和他们更加亲近。有几个动作比较滑稽，老师的动作很夸张，把孩子们逗得非常开心。

在教具的选择上，教师可以多准备一些教具，保证教具的多样性。除非活动需要，避免一件教具从头用到尾。此外，还可以多利用身边的物品，选择一些贴近幼儿生活，或者幼儿平日里经常能够看到的、触碰到的东西作为教具，这样既确保了教学的灵活性，又方便课后幼儿进行知识的巩固。比如教师在教数字“4”的时候，除了可以准备四根小木棍当教具外，还可以把教室中的桌子腿、椅子腿、黑板的四条边都当成教具，这样教师也可以省去了带着太多教具去上课的麻烦。

在准备活动场地时，涉及到校园公共场地的活动，至少要提前一天向学校申请，以便万一如果与其他教师有冲突，还可以及时协调，或者更改活动。在打算开展室外活动前，一定要根据天气情况来做最后的决定，比如天气预报说明天有雨，那么在设计明天的活动时，就要集中在室内活动上；如果天气预报说明天会下雪，而教学计划中又刚好有一节是有关认识雪花的内容，那么就可以将这一节课提前，与天气相响应。

如果是幼儿园的现有条件不足以承担活动的开展，教师可以适当更改活动的方式，尽量让活动能够适合幼儿园现有的情况。当然，出于为幼儿考虑，教师也可以向幼儿园提出一些合理化建

议，建议幼儿园增加某些设备、设施或场地，以便能够更好地开展更丰富、多样化的幼儿园教育活动。

第五节 活动内容的改进

对于不同年龄的幼儿来说，教育活动的内容需要有衔接性和逻辑性，要以他们已学过的内容为基础，然后进行延伸和拓展，这样才能确保活动内容符合他们的身心发展的阶段性和连续性。不给幼儿安排超出他们已有知识和经验太多的活动内容，以免让他们感到困惑，无法理解。除以强化知识的掌握和吸收为目的外，尽量避免重复安排相同的内容。

教师在选择教育内容时要遵循由易到难、由浅入深、由近及远、循序渐进的原则。同样是认识动物，可以让小班的幼儿试着在看到动物后能够描述出动物的外观并说出动物的名字，让中班的幼儿识别出同一类的动物在外观上有什么共同点，让大班的幼儿说出每一种动物有什么习性。要避免过早在幼儿的教学内容中混入小学的知识，以免幼儿对小学的知识一知半解，形成“夹生饭”的情况。

幼儿园教育活动所选的内容应当是有利于幼儿长远发展，能够为幼儿的终身学习和发展打好基础的内容。兴趣是直接支配幼儿学习的最大动力，不同年龄阶段的幼儿的兴趣不同，所以活动内容也需要根据不同年龄幼儿的兴趣特点进行取舍，既要能够激发幼儿们的兴趣，又能保证幼儿学到适合他们身心发展的知识和技能。比如针对小班的幼儿，教师可以选择一些能够让幼儿产生直观感受，并且操作简单的活动内容，比如选择自己喜欢的颜色画手指画、捏橡皮泥、拼搭积木等。这类活动既具有幼儿喜爱的形式，又能对幼儿产生教育意义。

针对一些与幼儿生活没有直接联系，但是又确实对他们有益的内容，教师可以尽量将这些内容与幼儿的实际生活联系起来，使它们更加贴近幼儿的“最近发展区”。

一名教师想教幼儿识别警示标识，为了让孩子们对这些标识产生兴趣，她在课上先问孩子们：“小朋友们，你们有没有和爸爸妈妈一起去过商场、游乐场、动物园之类的地方呢？”

“有。”孩子们回答道。

“那么，老师再问大家一个问题，你们在这些地方有没有看到一些牌子，上面画着各种各样的图案呢？其实这些图案都有它们的作用，在你们遇到困难时，有的图案还能帮到你们的忙呢。”老师说，“比如这个图案，它的意思是告诉你‘这里的水是不能喝的’，而这个图案是在告诉你‘要把垃圾扔进垃圾桶里’。”

“那个闪电是说要下雨了吗？”有个孩子问。

“不是的哦，这个标识是告诉你，这里有电，不能碰，不然会伤到你的。”老师说。

在促进幼儿养成良好生活习惯方面，教师可以举一些生活中的常见例子。比如讲一个关于乱扔香蕉皮，最后自己被滑倒的故事，让幼儿听过之后记住这样做是不对的。

在选择教学内容时，还需要结合节日、季节、社会中一些热点事件。比如新年快到了，教师可以在手工课中加入做小灯笼的内容，让幼儿们通过制作小灯笼，锻炼手指的灵活性，并且感受到过年的气氛；雪后，教师可以在室外活动课中带着幼儿们一起堆雪人，既锻炼了幼儿们动手能力、合作能力，又激发他们的想象力和创造力；“神舟十一号”上天后，教师可以组织幼儿们观看影片，给他们讲一些有关宇宙的知识，可以在绘画课中让幼儿们画“我的宇宙飞船”或者“我眼中的外星人”，还可以在活动课上让幼儿们模拟在太空中失重的状态。

在内容选择上，教师可以将基础教育和创新思维结合起来，在确保教学内容有效的同时提升活动内容的趣味性。避免重娱乐而轻教育，或者重教育而轻娱乐的情况发生。避免将教学设计为毫无教育意义的游戏，也要避免在游戏中放入过多的知识点，让游戏变得过于沉重和复杂。

无论选择怎样的内容，教师都需要保证一点，就是所选择的内容必须与教学目标相符。如果教学目标是“准确对色彩进行识别，从多种颜色中选出正确的颜色，能够说出身边的颜色”，那么活动的内容可以是分给幼儿不同颜色的卡片，让他们在最短的时间里找到与自己颜色相同的同伴；也可以是教师站在前面，举起一个颜色的卡片，让幼儿从他们面前的卡片中找到相同颜色的卡片举起来，看谁找得最快；还可以是教师对幼儿们逐一提问，随手指一件教室中的物品，让幼儿说出它是什么颜色。

第六节 活动组织形式的改进

集体活动并不意味着知识的灌输。首先，教师应当明确活动目标，对教材和班里幼儿的情况都有充分的了解，结合不同幼儿的实际情况设计活动的难度。在开展集体活动时，教师可以结合其他两种形式去开展，比如在集体活动中加入个体活动，或者将大集体变成小集体，也就是分组，开展分组活动。

一名教师在教幼儿们用纸折小狐狸的时候，先采用了集体活动形式，让幼儿们一起仔细观察他的每一个步骤，然后跟着自己一起做。幼儿们折的同时，教师会走到他们中间，看每个人是不是都折得正确，及时纠正错误的折法。等到幼儿们在教师的指导下折出了小狐狸后，教师给小狐狸画了眼睛和鼻子，然后又给狐

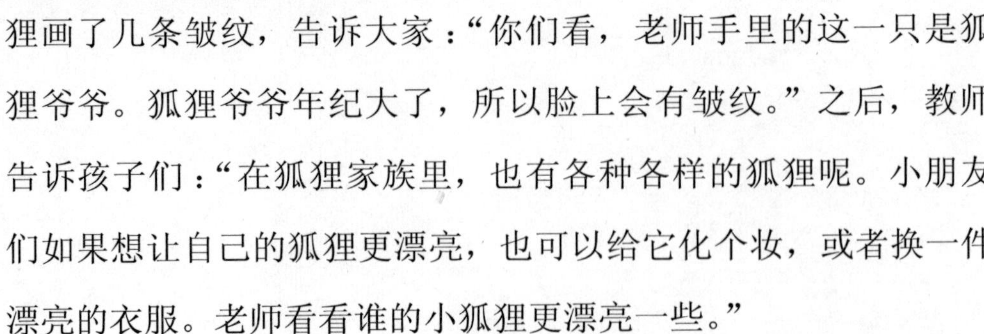

狸画了几条皱纹，告诉大家："你们看，老师手里的这一只是狐狸爷爷。狐狸爷爷年纪大了，所以脸上会有皱纹。"之后，教师告诉孩子们："在狐狸家族里，也有各种各样的狐狸呢。小朋友们如果想让自己的狐狸更漂亮，也可以给它化个妆，或者换一件漂亮的衣服。老师看看谁的小狐狸更漂亮一些。"

幼儿们折小狐狸的过程是集体活动，但是在这样的集体活动之后，幼儿们因为需要给小狐狸装饰，这时就能发挥他们各自的创造力和想象力，改成了个体活动。最后一个班里可能会出现穿着西装的狐狸爸爸，一头卷发的狐狸妈妈、戴着眼镜的狐狸奶奶等各种各样的狐狸。如果不采用个体活动，就得不到这样的效果。

小组活动可以直接应用，也可以应用于集体活动之后，作为一种延续性活动。在开展小组活动时，教师需要避免小组之间的干扰性。无论所有小组进行的都是同样的活动，还是不同小组进行不同的活动，在分配活动区域时，教师需要将这些小组在空间上进行一定的划分。最简单的方式是将教室划分出几个不同的区域，比如每个角的一个区域，每个小组的幼儿只在规定区域中活动。幼儿的注意力很容易被周围的环境影响，划分区域可以避免一个小组中的幼儿受到其他小组的影响，思维被干扰。

在决定采用哪一种活动形式时，教师需要结合活动目标，幼儿现有情况，以及活动的内容来决定。针对需要锻炼幼儿沟通能力的教学内容，小组活动的形式要优于其他形式，因为只有在小团体中，幼儿才能有充分表达的机会，以及和其他人沟通的机会。虽然个人活动也能使幼儿得到锻炼，但是个人活动对幼儿的主观能动性要求较高，有些比较内向，不喜欢与他人主动交流的幼儿会处于被动，没有人主动与他们沟通的话，他们就会一直保持沉默，得不到锻炼。

从幼儿的角度去对活动形式进行分类，活动形式还可分为接受式、体验式、探究式、合作式。接受式主要体现在集体活动中，幼儿接受教师的思想和引导，从而获得知识；体验式可以体现在各种形式的活动中；探究式主要体现在个体活动中；合作式主要体现在小组活动中。

接受式注重幼儿对外界信息的接受，也就是学习。在这方面，教师应当注重内容和讲授的方式。教师在前面讲，通过展示、讲解、操作等方式让幼儿获得知识和技能的活动都属于这类形式的活动。

体验式注重的是幼儿的体验和感受，需要为幼儿提供充分的体验机会，并让他们在体验过程中的获得兴奋、愉快、感动、新鲜等正面感受，避免让他们产生厌倦、疲惫、悲伤、无聊的负面感受。带幼儿去公园观察动物，去超市认识蔬菜和水果，都属于这类形式的活动。

探究式需要激发幼儿对知识的渴望，让他们在参与的过程中获得具体的知识，注重的是获得的内容而不是情感体验。让幼儿将不同颜色混在一起，然后观察颜色的变化，或者让幼儿用手指去碰触不同的物质，让他们发现这些物质有什么区别，都属于这类形式的活动。

合作式的关键在于让幼儿通过合作的方式，一起发现事情产生的原因，一起完成一个任务，同时认识到团队的力量要大于一个人的力量。给小组内每名幼儿安排不一样的任务，让他们最后组成一辆小汽车，或者让同一组的幼儿用四肢摆出指定的形状，都属于这类形式的活动。

最后需要提醒一点，教师在设计活动时，一定要避免形式主义。要明确使幼儿通过活动学到知识和技能才是最主要的目的。不能为了让课堂氛围看起来整齐划一而特意采用集体活动的形式，或者为了展现班级幼儿的合作能力而故意只采用小组活动。

第七节 活动方法的改进

在选择活动方法时，教师首先应当确定哪些方法适合哪类幼儿，以及哪些方法适合哪些活动目标。

如果活动的目标是让幼儿认识汽车的结构，那么在选择活动方法时，就要给出幼儿足够的观察汽车模型的时间，让他们能够将汽车模型拿在手里，仔细观察，同时教师对汽车的结构进行讲解。

如果活动的目标是让幼儿掌握穿脱衣服的技能，那么在选择活动方法时，就要给出幼儿足够的反复操作的时间，让他们练习穿衣和脱衣。如果活动的目标是让幼儿了解四季，那么在选择活动方法时，可以多安排一些展示和解说的内容，让幼儿了解一些

季节特点，然后让他们结合自己的经验，思考四季还有什么其他特点。活动方法的选择与教育内容也有关。

如果活动内容是锻炼幼儿的语言表达能力，那么在选择方法时，可以优先考虑那些需要幼儿多想多说才能够完成的活动。

不同年龄的幼儿存在认识差异。小班幼儿比较依赖直觉，所以比较适合他们的活动方法是不太复杂的，不需要过多思考的方法，比如游戏法和操作法等，让他们体验愉快的氛围。中班幼儿的思维有了进步，所以教师可以对他们适当采用一些观察法、探索法等，激发他们的思考。大班幼儿已开始有了抽象思维，能够接受更复杂一些的方法，教师除了可以沿用小班和中班的活动方法外，还可以添加实验法、讨论法等，让幼儿有更多的机会实践操作，并在实践操作中得到成长。

在对幼儿进行引导时，教师可以采用一些比较活泼的方式，将幼儿的注意力集中起来，形成良好的活动氛围。效果比较好的引导方式有“今天我给大家讲个故事”“今天我给大家介绍一个新朋友”“老师想先问大家一个问题”等。这类方式抓住了幼儿天性好奇的特点，很容易让他们对教师提到的故事和“新朋友”产生兴趣，还会主动去思考教师提出的问题。

教师需要注意活动方法多样化，口语类的方法进行一段时间后，可以改用直观类的方法，或者活动类的方法。

一名老师准备教幼儿韵律操“小白上楼梯”。首先，她结合口语类和直观类的方法，先口述儿歌，同时整套动作演示给幼儿们看。

然后，她采用了讲述加演示加活动的方式。对小朋友们说：“现在，小朋友们跟着老师一起做，老师做一个动作，你们就跟着做一个动作，老师看看谁做得最棒。”

在分解动作教学时，老师先用右手做一个“二”的手势，然后将手指向下，告诉幼儿们“这就是小白”。

之后，老师一边用手指模仿走路，一边告诉幼儿们：“你们看，小白要上楼梯，所以向上走。电视机有开关的对吧？老师的头就是一个电视机，鼻子就是开关，所以打开电视机的时候，要按一下鼻子。”等到所有动作都教完了，老师再次带着幼儿们整体复习几遍，巩固幼儿的记忆。

最后，老师采用了纯活动的方式，让幼儿们在没有教师带领的情况下去做这套韵律操。

在幼儿们一起做韵律操前，教师要为他们营造出适合他们活动的环境，避免周围有分散幼儿注意力的东西出现。活动进行中，教师可以对幼儿们进行观察，检查幼儿们的学习成果，是否有人做得好，是否还有人不会做。等幼儿们做完之后，教师再采用评

价的方法，对他们进行评价。

由于这一类的活动并不要求动作的精准性，所以教师只需要留意幼儿的动作熟练度，不需要在动作细节上过于严格。

第八节 活动过程的改进

幼儿园要求教师写备课和教案，是为了帮助教师更好地理解教学内容，明确教学目标，理清教学流程。教案对教师所起的作用应当是辅助，而不是限制。如果教师在开展活动时完全按照教案上写的去做，即使遇到意外也不肯变通，那么教案就失去了它的意义所在。

《纲要》中要求教师："善于发现幼儿感兴趣的事物、游戏和偶发事件中所隐含的教育价值，把握时机，积极引导。"在活动过程中，教师需要多观察幼儿，留意幼儿的表情、行为变化，及时捕捉幼儿的兴趣点，将幼儿感兴趣的东西变为活动内容中的一

部分，这样幼儿们参与活动的积极性就会更高。

在一次大班语言活动中，窗外突然下雪了，幼儿们的注意力立刻被吸引了过去，有的幼儿兴奋地喊着："下雪了！下雪了！"老师知道，此时如果强制幼儿们不要看窗外，幼儿们即使将视线转回来，心里也仍然惦记着外面的雪，想着放学后去堆雪人，打雪仗，在雪地里奔跑。于是，她临时改变了语言活动的内容，将外面的雪作为话题。

"下雪了，真漂亮是不是？"老师问。

"是。"孩子们回答。

"谁能告诉老师，雪是什么样子的？"老师问。

"白的。"

"软的。"

"像糖一样。"

"像棉花糖。"

孩子们争相回答。

之后老师又问了一些问题，比如"下雪时天空有什么变化""马路上有什么变化""雪是怎么落下来的""下雪时需要注意什么""下雪后需要注意什么""你喜欢下雪吗？为什么？"等。

幼儿们兴致正浓，自然积极参与讨论。一节课下来，老师既满足了孩子们观察雪，讨论雪的愿望，也锻炼了他们的语言能力。

教师可以根据幼儿的需求适当调整活动内容，但这有一个前提，就是幼儿的需求与教学目的不发生冲突。在上面的例子中，讨论与雪有关的话题是符合语言活动的，所以教师可以通过这种方式来让幼儿对雪的兴趣得到满足。但如果幼儿们的要求是出去玩雪，教师便不可以允许，因为玩雪不属于语言活动的范畴内。此时教师需要立刻想到一些其他的办法来安抚幼儿，想出一些比玩雪更加有趣的语言活动，将幼儿们的注意力拉回到语言活动上。

开展活动时，教师在用语方面也需要多加注意。有时教师已经把活动的目的、方法和需要达到的结果说得很清楚，很细致，可幼儿还是无法理解，这是因为教师所用的语言过于学术化。幼儿的语言能力还在初级阶段，听不懂太过复杂的词语，也无法理解太难的逻辑，比如他们会无法理解教师口中的“把积木块叠放起来，构成一个规矩的金字塔结构”，但是如果教师换一种简单的说法，告诉他们“用积木搭一个金字塔，注意不要搭得歪歪扭扭”，他们就会很容易理解教师让他们做什么，有什么要求，然后立刻动手去做。

当有幼儿出现失范行为，并且比较激烈时，教师需要首先考虑是否活动有什么不妥的地方。通常情况下，如果只有个别幼儿出现失范行为，可以视为个例；如果多名幼儿都出现失范行为，比如坐不住椅子，注意力不集中等，教师就需要考虑活动是否缺少趣味性，内容是否不符合幼儿们的认知范畴，或者管理方式超

出了幼儿的接受度。如果是后者，教师则需要立刻对教学活动进行调整，使活动能够被大多数幼儿接受。如果是前者，教师可以适当对幼儿进行提醒，在课后与幼儿谈话，了解原因，千万不能在课上就对该幼儿进行严厉指责或批评。

幼儿之间在活动中发生冲突或者有小矛盾时，教师需要冷静，从客观角度去看问题，而不是偏袒任何一方。除了幼儿本身，还应向其他没有涉及其中的幼儿了解情况，弄清楚问题究竟是怎么产生的。如果只是一个误会，教师可以通过劝解双方来平息。如果确实一方有过错，那么教师可以暂时将他们分开，等到活动结束后再对此事进行具体的处理，不能因为个别人的原因而影响整个活动的进度。

第九节 活动延伸的改进

延伸活动存在的主要意义是保持教学活动的完整和连贯。就好比人们在吃过饭后，食物需要先经过被消化的过程，之后才能被人体所吸收。在幼儿园教育活动中，延伸活动就相当于消化的过程。延伸活动的存在可以更好地保证幼儿学习的完整性、连贯性。

在幼儿园教育活动中，教师应当将幼儿发展的整合性和延续性作为一个重要衡量标准。幼儿园是幼儿的第二个家，幼儿们在这里度过的每一天都是由各种教育活动组成的。然而幼儿园中的时间是有限的，很多活动虽然随着下课铃声而结束，却并没有解决全部的问题，也没有令全部幼儿的需求都得到满足。幼儿教师们应该让这些教育活动与幼儿们走出幼儿园之后的世界发生关系，让所有活动形成一个活动链，在幼儿园里进行教学活动、游戏活动和生活活动，回到家中仍然有效，仍然能够持续下去。

幼儿园教育活动可以从三方面进行延伸：一是延伸到相邻的下一个活动中，将幼儿们在幼儿园中度过的一天变成一个活动的整体。比如在绘画课中，教师教幼儿们画了水果，那么在接下来的手工课中，教师就可以教幼儿们用认识的水果做一个水果拼盘。之后，教师还可以在数学活动课上运用这些水果拼盘中水果的数量进行教学活动。

第二种延伸方法是将教学活动延伸到周围的环境中，不局限于教材上所给的知识点。比如在开展识别形状的教学活动时，教师可以不仅仅利用现有的教具，还可以让幼儿们联想一下，他们平日里都见过哪些圆形的物品，哪些三角形的物品，哪些方形的物品等。这样既可以帮助幼儿识别形状，还能锻炼他们的记忆力，观察力。有些幼儿的答案可能并不准确，不过这都不要紧，重要的是他们都能够积极参与。教师还可以在幼儿了解了不同形状的特点之后，让幼儿用手中现有的形状拼一些他们日常生活中见到的物品，之后再对幼儿们的作品进行检查，指出哪些是对的，哪些是不合理的。幼儿园还可以地理位置为依托，充分利用周围环境，比如超市、步行街、公园等场所，将其变为教育资源，对幼儿的活动内容进行延伸和拓展。

幼儿在园中学到的知识和技能，如果在生活中不能得到应用，很不利于知识的巩固和强化。所以，教师需要注意所学内容在功能方面的延伸，即幼儿学到的是否能够与生活发生密切关联。

第三种延伸方法是将教学活动延伸到幼儿们的生活中。这也是最有效的巩固知识的办法。比如教师在“纸是怎么产生的”这一节课中，可以给幼儿们讲解他们生活中接触得比较多的纸的种类，并告诉他们这些纸都可以用来做什么，以及为什么有的纸可以用来折飞机，有的纸可以用来画画，有的纸只却能用来擦嘴擦手。

一节课后，老师给孩子们留了一个课外活动，叫“寻找最美花朵”。

老师说：“我们今天已经认识了几种常见的花，但是在花的世界里，花的种类其实有很多。老师希望小朋友们下课后能够找到一些和老师讲的花不一样的花朵，你们可以自己去发现、去选择你们认为最美的花朵，下一节课带着花或花的图片来到教室，与大家分享。”

“老师，我奶奶家有个小花园，种了很多花，都可漂亮了。”有个孩子说。

“老师，公园里也有很多好看的花，可是我不认识。”另一个孩子说。

“这说明大家平时都是善于观察，发现美的好孩子。遇到不

认识的花，可以让爸爸妈妈帮你们去查花的名字，千万不要随便用手去碰。还要注意，公园里的花是不可以随便摘的，如果喜欢，可以让爸爸妈妈帮你和花拍一张照片，下节课带过来。”老师提醒道。

在选择延伸活动时，教师可以在备课时事先想好几个方案，也可以将课堂上幼儿们提出的问题作为延伸活动的备选。有些时候，幼儿们提出的问题恰恰能成为最好的延伸活动，因为这些内容是他们感兴趣的，所以他们在参与时热情自然会比较高，并且会努力将活动做好。此外，教师还可以通过多与幼儿进行沟通，了解幼儿生理和心理上的需要来创设更适合幼儿成长的环境，然后根据这些环境来为幼儿设计更好的延伸活动。

第十节 家园共育的改进

《纲要》中指出："家庭是幼儿园重要的合作伙伴。应本着尊重、平等、合作的原则，争取家长的理解、支持和主动参与，并积极支持，帮助家长提高教育能力。"在开展幼儿教育的过程中，教师和家长应该站在同一条战线上，明确彼此的身份和作用，开展双向互动，一起为幼儿的教育而努力。

作为教师，想要提高家园共育的质量，提升家园共育的效果，必须妥善利用并开发家庭教育资源。幼儿学到的知识、掌握的技能和日常行为需要通过不断的重复和强化，最终才能转化为自觉。但是，幼儿自觉性较差，如果身边的环境不稳定，幼儿就必须不停地在两种环境中进行思维和行为的切换，既不利于幼儿各方面能力的强化，还容易使幼儿发展出“两面派”的性格。

为了营造适合幼儿的家庭环境，教师应当多与家长进行沟通。沟通的内容主要包括幼儿在园中和家中的表现、行为特点、性格特点，幼儿在某些事情上所取得的进步和仍然存在的不足，幼儿最近一段时间是否遇到了一些特别的事，发生了一些改变等。沟通过程中，教师与家长的地位是平等的，教师应该保持一种正确的心态，以轻松聊天的方式与家长进行交流，要耐心倾听家长们的反馈。对于班里孩子的所有家长，教师也应一视同仁，保证和每个家长沟通的频率相当，不重此薄彼。

沟通是一种双向的行为，所以教师在与家长沟通时不能光说，还要多倾听家长的反馈，了解幼儿在家中的情况是否与在园中相同。一名教师在与一名家长沟通时，得知这名家长的孩子在家里非常乖，非常体贴人，知道爸爸妈妈忙，就从来不像其他孩子一样吵着让爸爸妈妈陪，也不闹着出去玩，每天都乖乖地待在家里，然而这个孩子在幼儿园的表现却恰恰相反，经常在其他小朋友玩的时候凑过去捣乱，不是弄倒别人搭好的积木，就是打断别人的游戏，班上的孩子都不喜欢他。

这名教师结合这个孩子在家中和在园里的表现进行了分析，又对这个孩子进行了观察，发现这个孩子并不是有意跟其他孩子捣乱，而是不懂得与人相处的方式。他渴望与人接触，却因为在家中没人陪伴，缺少这方面的经验，所以每次主动与人接触时都很紧张，并且越紧张就越容易惹祸。于是，教师建议家长多抽一些时间陪伴孩子，给孩子和其他小朋友接触的机会，让孩子慢慢学会与人接触和交往。一个月后，这个孩子便能够自如地和其他孩子交流和接触了，班上也有人愿意和他一起玩了。

教师在向家长描述幼儿在园中的行为时，语言要客观，不能夹杂个人情绪，对幼儿的评价要中肯，既要让家长知道幼儿哪方面表现得好，也要让家长知道幼儿哪方面表现得不好。

年底评选，小二班的冯老师被家长们评为最受欢迎的老师，理由是冯老师“性格好”“有耐心”“说话温和”“尊重家长”。

原来，冯老师在每次与家长沟通时，态度都非常中肯客观，从来不掺入个人情绪或喜好。萌萌在班上经常因为输赢和其他孩子闹别扭，于是冯老师告诉玲玲的家长：“玲玲在班上很活泼，各种活动都积极参加，对其他小朋友也很热情，但是对输赢看得太重，只要没得第一名就会生气，还会对比她做得好的孩子不理不睬。”小佳在班上特别内向，很少说话，冯老师便告诉她的家长：“小佳虽然平时不爱说话，从不主动与其他小朋友接触，但是非常细心，一看到有小朋友摔倒她就会去扶，还会拿自己的手绢帮人家擦手。”这样的评价兼顾了孩子的优点和缺点，很客观，很全面，家长们自然也都非常满意。

教师在与家长沟通时，需要先将自己的身份定位为服务者，

其次才是合作者和指导者。教师是一种为社会服务的职业，所以在与家长沟通时，态度要谦逊、亲切、真诚，让家长能够深刻感受到教师确实是在为他的孩子好，确实想要帮助他们。只有这样，家长才会乐意听取教师的建议，配合教师的工作。等到家长对教师有了信任和依赖后，教师再去向家长传递家园共育的理念，就能够更好地被家长们接受。

有时候，家长会对幼儿教育有一些独特的见解，当家长向教师讲述这些时，如果家长的见解是对的，方法是好的，教师应当虚心学习；如果家长的见解是错的，或者方法存在一些问题，教师可以委婉地向家长指出，而不是以一副居高临下的姿态，用教育的口吻对家长进行指导。

一边对幼儿进行教育，一边对家长进行教育，这是一个很艰巨的任务，但是想要开展家园共育，教师就必须这样做。有的家长由于缺乏教育背景、成长环境不佳，教育观念比较落后，甚至拥有一些错误的育儿观。对于这样的家长，教师需要有耐心，对他们循循善诱，避免与他们发生直接冲突。

通常情况下，这样的家长会比较固执，如果教师和他们硬碰硬，直截了当地否定他们的育儿观，强行命令他们遵守幼儿园的教育理念，配合幼儿园对孩子开展教育，只会导致他们更加反感幼儿园，也更加反感教师。

此外，教师还可以适当开展座谈会，让家长们坐到一起交流

经验，取长补短；邀请家长参加亲子活动，让他们在活动中亲身体验到幼儿园教育对幼儿成长的帮助；通过对幼儿开展，让幼儿回到家中对家长进行教育等。这些都有利于家园共育的开展。

第十一节 活动对象的改进

想要改进活动对象，首先要意识到孩子的成长特点，了解孩子的内在需求。当孩子们出现不利于教学活动进行的情况时，教师不能强行对他们进行干涉和约束，更不能体罚，而是要根据他们的生理及心理特点，对他们进行引导。

著名意大利教育家蒙台梭利认为，孩子虽然不成熟，但他们也是真正的有生命的个体，“不是可以被任意塑造的泥块或软蜡，不是用来随意雕刻的木头，也不是花园里的花草或门旁拴着的小狗”，她提倡对孩子进行仔细观察，了解孩子的内心世界，满足孩子的内在需求，尊重孩子的个性发展。

孩子一旦到了 3 岁，就能很大程度地独立自由地表现自己了。也许有的幼儿还不具备这样的能力，不过不要紧，教师可以在日常生活中通过一些言行和氛围让幼儿感受到独立的好处和乐趣。

于老师发现班里有几个孩子自理能力比较弱，非常喜欢在一些日常活动中依赖他人。起初她试着用劝说的方式与他们沟通，然而这些孩子似乎并不能从她的话语中理解这样做的好处，仍然喜欢在穿衣之类的事情上习惯性地寻求其他人的帮助。

一天，于老师带来六块印有图案的布，有两块上面缝着几条带子，有两块上面各有一排小洞，有一块上面缝着纽扣，还有一块上面是狭长的纽扣孔。

于老师告诉孩子们："老师这里有三幅漂亮的图画，可是家里的小狗太淘气，把这些图画都扯坏了，小朋友们能不能帮助老师把这些画重新拼好呢？"

"能！" 孩子们回答道。

"太好了。" 于老师说完，将这些布一一铺开，粘在黑板上，然后指着第一块问："谁能帮老师找一找，这幅画的另一半应该是哪一块呢？"

孩子们马上指了出来。很快，三幅画都拼好了。

"大家真棒，可是这样拼起来，它们还是分开的，有什么办法能让它们重新变成整张的画呢？" 于老师问。

有聪明的孩子一眼发现了断裂部分的带子和纽扣。于是老师让孩子们自愿上前，用他们自己的方式将断裂的画变成整张的画。当孩子们完成了任务后，老师告诉他们，其实他们修复画时做的事，正是生活中经常会做的穿带子、系带子和扣扣子。因为拼好了画，孩子们的心里有了成就感，于是再也不会感觉这些事没有用，没意思了。

从生理角度来看，对于3－6岁的幼儿来说，最好的体育锻炼是走路。当幼儿的身体还不足以承受大强度的运动时，教师不能急于让他们学习复杂的运动。要循序渐进，从简单运动入手，比如爬行比赛、拍球等。如果孩子显示出发育迟缓或异常，教师可以鼓励他们做一些有助于基本生活技能的运动，如穿衣、脱衣、扣扣子、系鞋带等，等到他们的肢体渐渐适应了这些事，能够越来越协调，再让他们做一些相对复杂的，难度稍大一些的体育运动。

作为教师，在选择幼儿活动中的辅助因素时，需要以符合幼儿的身心发展水平为标准，选择既能帮助幼儿进行认知、锻炼，又不会对幼儿们造成伤害或不良影响的物品。比如在选择观察对象时，要选择那些需要幼儿用心观察，调动感官才能观察到其特点的对象，在选择操作对象时，要选择那些难度适中，能够开发幼儿大脑的对象。

第十二节 活动教具的改进

幼儿园中使用的教具首先需要具备以下特点：简单、实用、好玩，操作性和安全性强。简单是指孩子一看就懂，能够快速对教具有所了解，这样才能方便他们在教具的帮助下学习到知识；实用是指这些教具本身要确实对教学活动产生帮助，并且能够与孩子们的日常生活相关；好玩指的是教具的趣味性，相比之下，一件有趣的教具更能让孩子们关注并研究；操作性强是指教具不是一个死板的物件，能够让孩子们参与其中，亲自操作；安全性强指的是不会对孩子造成任何伤害。

幼儿园的教具并不一定只能通过重金购买，也不需要多么高级。新颖的教具有几件就足够了，平日里，教具越朴实，色彩越

简单，越容易产生良好的教学效果。在一些专业的幼儿教育机构，使用的大多是单一颜色的，能够让幼儿感觉到温度，又不会令他们视觉过于兴奋的教具。

我们身边的许多材料都可以开发、利用。很多时候，教师结合幼儿的喜好，用心制作的一些教具反而更加受幼儿的欢迎，也能产生更好的教学效果。在制作教具时，教师可以充分利用对幼儿无害的，当地的自然材料和废旧材料。这样既能节省成本，还能培养幼儿节约的品德，一些好奇心强的孩子也会学着教师的样子，去对一些坏了的玩具、学具等进行加工，养成废物利用的习惯。

王老师教会了孩子们从 1 到 7 的数字后，拿出一个用快递包装盒制成的“抽奖箱”，她说：“接下来我们做一个游戏，这个箱子里有许多写有数字的卡片，我会把大家分成三组，每一组的小朋友轮流来抽卡片。抽到数字卡的小朋友要立刻说出相邻的两个数字，说对的得一分，说不出或者说错的不得分。最后老师看看哪一组得的分数最高，哪一组就赢了。”

有老师教孩子们认识乐器时，用几个废旧饼干桶做成了简易的小鼓，让孩子们用筷子击打“鼓面”来了解鼓的演奏方式，并感受打鼓的感觉。

有老师用不同颜色的旧衣服做了一些小球，通过让孩子们向不同颜色桶里扔入对应颜色的球来教孩子们识别颜色。

在一些城市里，利用丰富的乡土文化知识，就地取材的教具更加容易被孩子们接受，运用这些教具进行教学也能让孩子更理解所学的内容。教具实用性越强，越容易出现在孩子们的生活环境中，孩子们就越有更多的机会了解教具，使用教具，学习知识。

通常情况下，一件教具可能具有多种功能，既能让孩子认识形状，又能让孩子认识颜色，或者运用这件教具画图、支撑等。我们不反对使用多功能的教具，但不建议功能过多，否则很容易在使用时造成信息堆积，功能相互干涉。在选择教具时，不要追求完美，试图用一件教具涵盖整个幼儿教育层面。

还需要注意一点，教具也有年龄段。不同的教具适合不同年龄段的孩子，如果我们把小班的教具拿去教大班的孩子，大班的孩子会没有兴趣，如果我们把大班的教具拿去教小班的孩子，小班的孩子会不理解。一旦发生这种情况，操作年龄和目标就会发生冲突，达不到预期的教学目的。所以在选择教具时，我们需要根据孩子的年龄来进行选择。

第十三节 活动环境的改进

新《纲要》明确提出 :“环境是重要的教育资源，应通过环境的创设和利用，有效促进幼儿的发展。”我们可以将环境称为幼儿教育的一种“隐性课程”,特别是开展幼儿园日常教育活动时，环境所起的重要作用更不可小觑。

班级环境的美化主要包括墙饰布置、游戏区的布置等方面，其中生动美观的主题墙饰，即能够给幼儿有关色彩、构图等因素的审美体验，又能延伸孩子对于各种知识技能的兴趣，还能在情感上带给他们愉悦感。因此从某种程度上讲，主题墙饰作为促进幼儿发展不可缺少的“环境”，已经成为幼儿园教育教学的有效手段。

在进行环境布置时，要注重环境创设的关联性、丰富性、实效性、生成性、创造性。关联性指的是教室内的布置能够以一个整体的形式出现在孩子们的面前，不是杂乱无章的粘贴，也不是信息的随意堆积。丰富性不是装饰越多越好，而是体现在空间的规划、内容的选择和材料的应用上。实效性是指能够对教学活动起到辅助作用。生成性指的是能够根据孩子们的成长发育进行拓展。创造性指的是装饰有新意，有创造力。

如果只由教师一人动手，布置教室确实是一件大工程，但如果让孩子们参与进来，孩子们会很有兴致，也能减轻教师的工作量。多给孩子们参与的机会。在参与布置教室的过程中，孩子们会产生很大的兴趣，并且提升创造力和美感，锻炼动手能力，得到全面发展。

在教孩子们认识海洋生物前，艾老师将教室的一面墙清空，设计成了海洋的样子。

“小朋友们，你们见过大海吗？虽然大海又大又深，看不到边也看不到底，但是在大海里，其实也生活着许多生物呢。今天我们就一起走进海洋的世界，来看一看都有哪些生物悄悄地在我们看不到的地方生活吧。”艾老师说。

艾老师一边讲解每一种生物的名称，一边将这些生物粘在墙上的“大海”里。孩子们仿佛身临其境，听得非常认真。

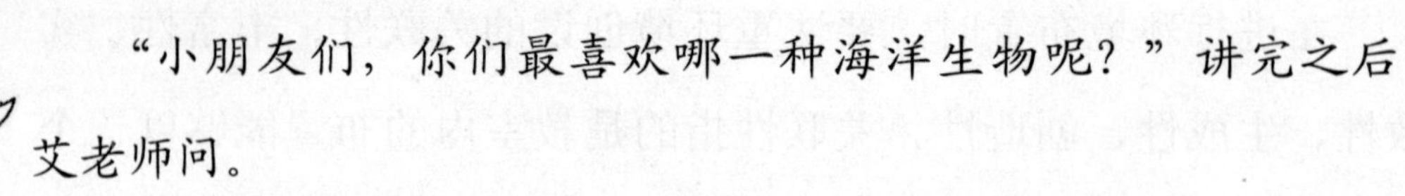

“小朋友们，你们最喜欢哪一种海洋生物呢？”讲完之后，艾老师问。

有的小朋友说喜欢海星，有的小朋友说喜欢海马，有的小朋友说喜欢贝壳。

艾老师听完微笑着说：“那么老师有一个请求，你们看，这片海洋里的生物太少了，太孤单了，老师希望大家能够把自己喜欢的海洋生物画出来，然后剪下粘在这片海洋里，给这片海洋里的生物们添一些好朋友。你们愿意帮帮老师吗？”

“愿意！”孩子们高兴地回答。

活动结束时，空空的“海洋”里多了各种各样的海洋生物，孩子们也很兴奋，指着上面新粘的动物自豪地告诉其他小朋友：“这个是我画的海马。”“这个是我画的海星。”

为了方便孩子们活动，教师可以适当根据活动的内容调整教室环境，比如撤掉固定的课桌椅，扩大活动空间；将几个小桌子拼在一起，以便孩子们能够分组活动；在墙边设置一排矮柜，可以让每个孩子将自己的东西放在里面；在孩子们碰不到的地方摆放植物盆、小鱼缸等；在教室四周增设吸附性的白板贴，配有白板笔和抹布，这样孩子就可以自由绘画，并且不会弄脏墙壁。

有的幼儿园认为固定在地板上的桌椅更有利于规范孩子的行为，也可以避免他们将桌椅碰翻。事实上，便于移动的小桌子和

小椅子更有利于孩子习惯的养成。孩子可以在坐下时选择自己喜欢的姿势，并在不小心弄翻桌椅时意识到自己行为不妥当，然后纠正自己的错误。

第十四节 活动评价的改进

幼儿园教育活动评价是幼儿园教育中不可缺少的环节，它有助于我们全面贯彻《幼儿园教育指导纲要（试行）》，促进幼儿身心全面发展。评价应自然地贯穿于整个教育过程，综合采用观察、谈话、作品分析等多种方法进行。

《纲要》中规定，在进行教育工作评价时，应该重点在以下五方面进行考察："教育计划和教育活动的目标是否建立在了解本班幼儿现状的基础上；教育的内容、方式、策略、环境条件是否能调动幼儿学习的积极性；教育过程是否能为幼儿提供有益的学习经验，并符合其发展需要；教育内容、要求能否兼顾群体需要和个体差异，使每个幼儿都能得到发展，都有成功感；教师的指导是否有利于幼儿主动、有效地学习。”

结合上面的规定，我们可以看到，想要对如今的活动评价进行改进，我们需要先对本班幼儿的现状有一个深入细致的了解，避免盲目评价，片面评价的情况产生。然后，我们需要多关注孩子的学习状况，包括孩子是否喜欢教师的教学方式，是否对活动有兴趣，是否能够通过活动真正学到知识等。当活动中因孩子的个体差异而出现阻碍时，教师则要看到问题的本质，作出正确的评价，而不是只看表面现象就下结论。

一次小组拼图活动中，老师发现班上的大部分孩子们都非常投入，而且和小组的成员配合得非常好，只有一名孩子一直闷闷不乐地坐在边上，一句话都不说，静静地看着其他孩子拿起一块又一块拼图尝试。

“毛毛，你怎么不和大家一起拼图呢？”老师问。

“老师，我不会。”毛毛低声说。

老师坐在旁边观察了一会，发现毛毛并不是完全不会，只是判断速度有些慢，可是与毛毛同一组的孩子们都反应迅速，毛毛还没来得及动手，其他人就已经抢先一步做好了。

活动结束后，老师针对毛毛的情况进行了评价，得出以后在分组时应该考虑到同组孩子的水平，不宜将水平相差过大的孩子们放在同一组，以免水平高的孩子过于主动，而影响水平低的孩子参与活动。

在对幼儿园活动进行评价时，我们可以从健康领域、语言领域、科学领域、社会领域及艺术领域五个领域来进行评价，并根据大班、中班和小班不同的特点进行评价。需要注意，孩子们在活动中的行为表现会不断变化，一开始或许会比较细微，不太容易发现，这就要求教师必须足够的细心和耐心，及时发现这些变化，然后针对具体变化作出评价。

教师在自评时，可从思想水平、文化素养、学习能力、组织协调能力、技能技巧等表现为内容。对孩子进行评价时，可建立表格，然后通过观察记录法填写相应内容，通过对话交流法了解更多信息。对活动进行评价时，可采用专题评价法，对活动进行深入调查，使得到的结果能够作为日后教学活动的依据。

在评价时，教师应当遵循导向性、科学性、公平公正性、激励性、过程性及互动性六个原则。导向性指的是所作的评价能够对幼儿园工作起到指导作用；科学性指的是遵循客观规律，重视幼儿个体差异；公平公正性指的是要兼顾群体和个体的需要，从幼儿实际出发，实事求是，不主观臆断；激励性指的是能够对活动的参与者和组织者都起到激励作用；过程性指的是将评价融入活动当中，及时对孩子的行为予以鼓励、肯定和赞扬；互动性指

的是与幼儿进行交流和沟通，双方互评，从而实现对彼此更好的了解。

结语

幼儿教育是基础教育中不可或缺的一部分，它作为教育的起步阶段，是其他教育的基础，搞好幼儿教育有着十分重要的意义。

在幼儿教育阶段，教育活动是幼儿学习活动的主要组成部分。教育活动可以帮助幼儿获得有益的经验，是教育思想转变为教育实践的桥梁。教育活动的质量，直接影响幼儿园教育的小国，进而影响到幼儿的发展水平。

本书从影响幼儿园教育活动的主要因素出发，系统阐述了幼儿园教育活动设计在目标的确定、活动的准备、内容的选择、过程的组织以及活动的延伸等方面存在的问题，进而从改进教师素质、健全幼儿园机制、改进活动方法等方面提出来了优化幼儿园教育活动的可行性建议，从而提高幼儿教师的专业化水平，促进幼儿身心的全面发展。